Asma Smairi

Formulation d'un nouveau produit de type Muffins

Asma Smairi

Formulation d'un nouveau produit de type Muffins

Éditions universitaires européennes

Impressum / Mentions légales
Bibliografische Information der Deutschen Nationalbibliothek: Die Deutsche Nationalbibliothek verzeichnet diese Publikation in der Deutschen Nationalbibliografie; detaillierte bibliografische Daten sind im Internet über http://dnb.d-nb.de abrufbar.
Alle in diesem Buch genannten Marken und Produktnamen unterliegen warenzeichen-, marken- oder patentrechtlichem Schutz bzw. sind Warenzeichen oder eingetragene Warenzeichen der jeweiligen Inhaber. Die Wiedergabe von Marken, Produktnamen, Gebrauchsnamen, Handelsnamen, Warenbezeichnungen u.s.w. in diesem Werk berechtigt auch ohne besondere Kennzeichnung nicht zu der Annahme, dass solche Namen im Sinne der Warenzeichen- und Markenschutzgesetzgebung als frei zu betrachten wären und daher von jedermann benutzt werden dürften.

Information bibliographique publiée par la Deutsche Nationalbibliothek: La Deutsche Nationalbibliothek inscrit cette publication à la Deutsche Nationalbibliografie; des données bibliographiques détaillées sont disponibles sur internet à l'adresse http://dnb.d-nb.de.
Toutes marques et noms de produits mentionnés dans ce livre demeurent sous la protection des marques, des marques déposées et des brevets, et sont des marques ou des marques déposées de leurs détenteurs respectifs. L'utilisation des marques, noms de produits, noms communs, noms commerciaux, descriptions de produits, etc, même sans qu'ils soient mentionnés de façon particulière dans ce livre ne signifie en aucune façon que ces noms peuvent être utilisés sans restriction à l'égard de la législation pour la protection des marques et des marques déposées et pourraient donc être utilisés par quiconque.

Coverbild / Photo de couverture: www.ingimage.com

Verlag / Editeur:
Éditions universitaires européennes
ist ein Imprint der / est une marque déposée de
OmniScriptum GmbH & Co. KG
Heinrich-Böcking-Str. 6-8, 66121 Saarbrücken, Deutschland / Allemagne
Email: info@editions-ue.com

Herstellung: siehe letzte Seite /
Impression: voir la dernière page
ISBN: 978-3-8417-4660-3

Copyright / Droit d'auteur © 2015 OmniScriptum GmbH & Co. KG
Alle Rechte vorbehalten. / Tous droits réservés. Saarbrücken 2015

Sommaire

Introduction	1
I. Etude bibliographique	3
I.1. Le cake industriel ou « Muffins »	3
I.2. Rôles des ingrédients du cake	3
I.2.1. Rôle de la farine	3
I.2.2 Rôle de la matière grasse	4
I.2.3 Rôle du sucre	5
I.2.4. Rôle des œufs	5
I.2.5. Rôle de l'amidon	6
I.2.6. Rôle des stabilisants	6
I.2.7. Rôle des émulsifiants	7
I.2.8. Rôle des additifs alimentaires	7
I. 2. 9. Rôle du lactosérum	10
I. 3. Diagramme de fabrication du cake	12
I. 3. 1. Le battage	12
I. 3. 2. La cuisson	12
I. 3. 3. Refroidissement, manipulation et conditionnement	13
I. 4. Les paramètres influençant la qualité du cake	13
I. 4. 1. Effet de la vitesse et de la durée du battage sur les caractéristiques de la pâte	13
I. 5. Les facteurs d'altération	14
I.5. 1. Les facteurs intrinsèques	14
I. 5. 2. Les facteurs extrinsèques	15
I. 6. Les réactions d'altération	16
I. 6. 1. Les altérations physico-chimiques	16
I. 6. 2. Les altérations microbiologiques	18
I. 6. 3. Les altérations enzymatiques	18
I. 7. La maîtrise des altérations	19
I. 7. 1. La formulation	19
I. 7. 1. 5. Les conservateurs	21
I. 7. 2. Les conditions de stockage	21
I. 8. Les défauts du cake	21

I. 9. Caractérisation rhélogique	23
I. 10. La date limite de consommation	24
I.10.1.Stabilité dans le temps du produit fini	24
I. 10. 2. Méthode du vieillssement accéléré	25
I. 10. 3. Le vieillissement accéléré par augmentation de la température	26
II. Matériels et méthodes	27
II. 1. Problématique et objectifs	27
II. 2. Présentation du produit	28
II. 3. Les conditions opérationnelles	28
II. 3. 1. Diagramme de fabrication	28
II. 4. Le plan d'expérience	32
II. 4. 1. Généralités	32
II. 4. 2. Le plan d'expérience adopté	34
II. 4. 3. Les facteurs étudiés	34
II. 4. 4. La Matrice du plan d'expérience	36
II.5. Mesures rhéologiques	37
II. 6. Mesure de la densité	38
II. 7. Mesure du pH	39
II. 8. Mesure des paramètres de la couleur	39
II. 9. Mesure de l'humidité	40
II. 10. Mesure de l'activité de l'eau (NT.16.71, 2009)	40
II. 11. Mesure du volume spécifique	41
III. Résultats et discussions	42
III. 1. Effet des différents facteurs étudiés sur la densité de la pâte	42
III. 1. 1. Etude de l'effet de la concentration en lactosérum et la vitesse du battage sur la densité de la pâte	44
III. 1. 2. Etude de l'effet de la concentration en lactosérum et la durée du battage sur la densité de la pâte	45
III. 1. 3. Etude de l'effet de la vitesse et la durée du battage sur la densité de la pâte	45
III. 2. Effet des différents facteurs étudiés sur la couleur de la pâte	47
III. 2 .1. Etude de l'effet de la concentration en lactosérum et la vitesse du battage sur la couleur de la pâte	49
III. 2. 2. Etude de l'effet de la concentration en lactosérum et la durée du battage sur la couleur de la pâte	52

III. 2. 3. Etude de l'effet de la vitesse et la durée du battage sur la couleur de la pâte   55

III. 3. Effet des différents facteurs étudiés sur l'indice de consistance de la pâte   59

    III. 3. 1. Etude de l'influence de la concentration en lactosérum et la vitesse du battage sur la Consistance de la pâte   61

    III. 3. 2. Etude de l'influence de la concentration en lactosérum et la durée du battage sur la consistance de la pâte   61

    III. 3. 3. Etude de l'influence de la vitesse et la durée du battage sur la consistance de la pâte   62

III. 4. Effet des différents facteurs étudiés sur la thixotropie de la pâte   64

    III. 4. 1. Etude de l'effet de la concentration en lactosérum et la vitesse du mélange sur l'aire thixotropique de la pâte   65

    III. 4. 2. Etude de l'effet de la concentration en lactosérum et la durée du mélange sur l'aire thixotropique de la pâte   66

III. 5. Effet des différents facteurs étudiés sur l'activité d'eau du « Muffins »   67

    III. 5. 1. Etude de l'effet de la concentration en lactosérum et la vitesse du battage sur l'activité de l'eau du « muffins »   69

    III. 5. 2. Etude de l'effet de la concentration en lactosérum et la durée du battage sur l'activité de l'eau du « muffins »   69

    III. 5. 3. Etude de l'effet de la vitesse et la durée du battage sur l'activité de l'eau du « muffins »   70

III. 6. Effet des différents facteurs étudiés sur la teneur en eau du cake   72

    III. 6. 1. Etude de l'effet de la concentration en lactosérum et la vitesse du battage sur la teneur en eau du « muffins »   74

    III. 6. 2. Etude de l'effet de la concentration en lactosérum et la durée du battage sur la teneur en eau du « muffins »   74

    III. 6. 3. Etude de l'effet de la vitesse et la durée du battage sur la teneur en eau   75
du « muffins »   75

III. 7. Effet des différents facteurs étudiés sur le volume spécifique du cake   77

    III. 7. 1. Etude de l'effet de la concentration en lactosérum et la vitesse du battage sur le volume spécifique du cake   79

    III. 7. 2. Etude de l'effet de la concentration en lactosérum et la durée du battage sur le volume spécifique du cake   79

    III. 7. 3. Etude de l'effet de la vitesse et la durée du battage sur le volume spécifique du cake   80

III. 8. Effet des différents facteurs étudiés sur les paramètres de la couleur de la mie du cake « Muffins »   82

III. 8. 1. Etude de l'effet de la concentration en lactosérum et la vitesse du battage sur la couleur de la mie   84

III. 8. 2. Effet de la concentration en lactosérum et la durée du battage sur la couleur de la mie   86

III. 8. 3. Etude de l'effet de la vitesse et la durée du mélange sur la couleur de la mie   87

III. 9. Effet des différents facteurs étudiés sur les paramètres de la couleur de la croûte du cake « Muffins »   90

III. 9. 1. Etude de l'effet de la concentration en lactosérum et la vitesse du battage sur la couleur de la croûte   92

III. 9. 2. Etude de l'effet de la concentration en lactosérum et la durée du battage sur la couleur de la croûte   93

III. 9. 3. Etude de l'effet de la vitesse et la durée du battage sur la couleur de la croûte   94

Conclusion   95

Liste des figures

Figure 1. Structure chimique de la molécule d'amidon de maïs (codex alimentarius) 6
Figure 2. Structure chimique du sorbate de potassium (IUPAC Chemical Nomenclature) 8
Figure 3. Structure chimique de l'acide citrique (Neurotiker 2007) 8
Figure 4. Structure chimique du MPG (Karlhahn 2007) 8
Figure 5. Rôle de l'aw sur le développement des micro-organismes 15
Figure 6. Représentation schématique de la transformation de l'amidon de la farine du blé (CTUC, 1995) 18
Figure 7. Diagramme de fabrication du cake industriel 29
Figure 8. Système de mélange industriel : Tonelli 30
Figure 9. Système de mélange pour essai : Moulinex 31
Figure 10. Four rotatif « POLIN » 31
Figure 11. Le modèle Cie Lab 40
Figure 12. Courbe 3-D et isoréponse indiquant l'effet de la concentration en lactosérum et la vitesse du mélange sur la densité 44
Figure 13. Courbe 3-D et isoréponse indiquant l'effet de la concentration en lactosérum et la durée du mélange sur la densité 45
Figure 14. Courbe 3-D et isoréponse indiquant l'effet de la vitesse et la durée du mélange sur la densité de la pâte 46
Figure 15. Les paramètres de la couleur de la pâte des différents échantillons 47
Figure 16. Courbe 3-D et isoréponse indiquant l'effet de la concentration en lactosérum et la vitesse du mélange sur la densité 50
Figure 17. Courbe 3-D et isoréponse indiquant l'effet de la concentration en lactosérum et la vitesse du mélange sur l'indice a* de la pâte 51
Figure 18. Courbe 3-D et isoréponse indiquant l'effet de la concentration en lactosérum et la vitesse du mélange sur l'indice b* de la pâte 52
Figure 19. Courbe 3-D et isoréponse indiquant l'effet de la concentration en lactosérum et la durée du mélange sur l'indice L* de la pâte 53
Figure 20. Courbe 3-D et isoréponse indiquant l'effet de la concentration en lactosérum et la durée du mélange sur l'indice a* de la pâte 54
Figure 21. Courbe 3-D et isoréponse indiquant l'effet de la concentration en lactosérum et la durée du mélange sur l'indice b* de la pâte 55
Figure 22. Courbe 3-D et isoréponse indiquant l'effet de la vitesse et la durée du mélange sur l'indice L* de la pâte 55
Figure 23. Courbe 3-D et isoréponse indiquant l'effet de la vitesse et la durée du mélange sur l'indice a* de la pâte 56
Figure 25. Courbe 3-D et isoréponse indiquant l'effet de la concentration en lactosérum et la vitesse du mélange sur la consistance de la pâte 61
Figure 26. Courbe 3-D et isoréponse indiquant l'effet de la concentration en lactosérum et la durée du mélange sur la consistance de la pâte 62

Figure 27. Courbe 3-D et isoréponse indiquant l'effet de la vitesse et la durée du mélange sur la consistance de la pâte 63

Figure 28. Courbe 3-D et isoréponse indiquant l'effet de la concentration en lactosérum et la vitesse du mélange sur l'aire thixotropique de la pâte 66

Figure 29. Courbe 3-D et isoréponse indiquant l'effet de la concentration en lactosérum et la vitesse du mélange sur l'aire thixotropique de la pâte 66

Figure 30. Courbe 3-D et isoréponse indiquant l'effet de la concentration en lactosérum et la vitesse du mélange sur l'activité de l'eau mu « muffins » 69

Figure 31. Courbe 3-D et isoréponse indiquant l'effet de la concentration en lactosérum et la durée du mélange sur l'activité de l'eau du « muffins 70

Figure 32. Courbe 3-D et isoréponse indiquant l'effet de la concentration en lactosérum et la vitesse du mélange sur l'activité de l'eau du « muffins » 71

Figure 33. Courbe 3-D et isoréponse indiquant l'effet de la concentration en lactosérum et la vitesse du mélange sur la teneur en eau du « muffins » 74

Figure 34. Courbe 3-D et isoréponse indiquant l'effet de la concentration en lactosérum et la vitesse du mélange sur la teneur en eau du « muffins » 75

Figure 35. Courbe 3-D et isoréponse indiquant l'effet de la vitesse et la durée du mélange sur la teneur en eau du « muffins » 76

Figure 36. Courbe 3-D et isoréponse indiquant l'effet de la concentration en lactosérum et la vitesse du mélange sur le volume spécifique 79

Figure 37. Courbe 3-D et isoréponse indiquant l'effet de la concentration en lactosérum et la vitesse du mélange sur le volume spécifique du « muffins » 80

Figure 38. Courbe 3-D et isoréponse indiquant l'effet de la vitesse et la durée du mélange volume spécifique du « muffins » 81

Figure 39. Courbe 3-D et isoréponse indiquant l'effet de la concentration en lactosérum et la vitesse du mélange sur l'indice L* de la mie 85

Figure 40. Courbe 3-D et isoréponse indiquant l'effet de la concentration en lactosérum et la vitesse du mélange sur l'indice b* de la mie 85

Figure 41. Courbe 3-D et isoréponse indiquant l'effet de la concentration en lactosérum et la durée du mélange sur l'indice L* de la mie 86

Figure 42. Courbe 3-D et isoréponse indiquant l'effet de la concentration en lactosérum et la durée du mélange sur l'indice b* de la mie 87

Figure 43. Courbe 3-D et isoréponse indiquant l'effet de la vitesse et la durée du mélange sur l'indice L* de la mie 88

Figure 44. Courbe 3-D et isoréponse indiquant l'effet de la concentration en lactosérum et la vitesse du mélange sur l'indice b* de la mie 89

Figure 45. Courbe 3-D et isoréponse indiquant l'effet de la concentration en lactosérum et la vitesse du mélange sur l'indice a* de la croûte 93

Figure 46. Courbe 3-D et isoréponse indiquant l'effet de la concentration en lactosérum et la durée du mélange sur l'indice a* de la croûte 93

Figure 47. Courbe 3-D et isoréponse indiquant l'effet de la vitesse et la durée du mélange sur l'indice a* de la croûte 94

Liste des tableaux

Tableau 1. Farines pâtissières (Colas, 1991) 4
Tableau 2. Utilisations fonctionnelles des protéines du lactosérum (Cayot et al, 1998) 11
Tableau 3. Coefficients d'équivalent saccharose (matières sèches des produits) pour divers produits (El Gerfissi, 1998). 20
Tableau 4. Les défauts du cake (Bennion, 1973 et kiger, 1985) 22
Tableau 5. Les variables indépendantes et leurs niveaux 35
Tableau 6. Matrice d'expérience 36
Tableau 7. Densité de la pâte des différents échantillons 42
Tableau 8. Indice de consistance des différents échantillons 59
Tableau 9. L'aire thixotropique de la pâte des différents échantillons 64
Tableau 10. L'activité de l'eau du Muffins des différents échantillons 67
Tableau 11. Teneur en eau du « Muffins » des différents échantillons 72
Tableau 12. Volume spécifique du « muffins » pour les différents échantillons 77
Tableau 13. Les paramètres de la couleur de la mie du « Muffins » pour les différents échantillons... 82
Tableau 14. Les paramètres de la couleur de la croûte du « Muffins » pour les différents échantillons 90

Annexes

Tableau I. Tableau d'analyse de variance (ANOVA) pour la détermination des paramètres statistiques de la densité de la pâte

Tableau II. Tableau d'analyse de variance (ANOVA) pour la détermination des paramètres statistiques de l'indice a* de la pâte

Tableau III. Tableau d'analyse de variance (ANOVA) pour la détermination des paramètres statistiques de l'indice L* de la pâte

Tableau IV. Tableau d'analyse de variance (ANOVA) pour la détermination des paramètres statistiques de l'indice b* de la pâte

Tableau V. Tableau d'analyse de variance (ANOVA) pour la détermination des paramètres statistiques de l'aire thixotropique de la pâte

Tableau VII. Tableau d'analyse de variance (ANOVA) pour la détermination des paramètres statistiques de l'AW de la pâte

Tableau VIII. Tableau d'analyse de variance (ANOVA) pour la détermination des paramètres statistiques de la Teneur en eau de la pâte

Tableau IX. Tableau d'analyse de variance (ANOVA) pour la détermination des paramètres statistiques du Volume spécifique de la pâte

Tableau X. Tableau d'analyse de variance (ANOVA) pour la détermination des paramètres statistiques du L* (mie) de la pâte

Tableau XI. tableau d'analyse de variance (ANOVA) pour la détermination des paramètres statistiques de la consistance de la pâte

Tableau XII. Tableau d'analyse de variance (ANOVA) pour la détermination des paramètres statistiques du b*(mie) de la pâte

Présentation du cadre d'accueil :

Le «*Poulina Group Holding*» est issu d'une initiative de privés tunisiens et a démarré par la création, le 14 juillet 1967, d'une première entité d'élevage avicole dénommée société «*Poulina Group Holding*», fondée par M. Abdelwaheb Ben Ayed et huit autres associés. Puis, la société «*Poulina Group Holding*» a diversifié fortement ses produits et a réorienté ses activités en se positionnant non plus comme une entité de production avicole mais comme une entreprise offrant aux éleveurs tous les services et fournitures d'élevage nécessaires (matériel avicole, poussins d'un jour, aliments etc..). Par conséquent l'élevage fut une industrie nationale et exportatrice.

Dans la même logique de diversification, et afin de palier à l'étroitesse du marché local, Le groupe s'est développé en aval, dans des secteurs plus industrialisés. C'est ainsi qu'il s'est lancé dans l'ouverture de points de ventes de proximité spécialisés dans les produits avicoles, Progressivement, les divers services de la société sont devenus des filiales de «*Poulina Group Holding*» Parallèlement à l'activité avicole, la société a développé des activités manufacturières et agroalimentaires.

Poulina Group Holding s'est aussi développé de façon horizontale, en créant des filiales dans de nouveaux domaines: dans le secteur chimique avec les détergents Nadhif, et dans le secteur mécanique en 1975 par la création des Grands Ateliers du Nord (GAN).

Après une décennie de croissance et d'expansion, l'entité économique « *Poulina Group Holding*» est devenue un ensemble de sociétés opérant dans divers secteurs d'activité.

Vers la fin des années 1980, «*Poulina Group Holding*» est entré dans une nouvelle phase de diversification en développant plusieurs nouveaux produits : les surgelés, les pots d'échappement, les réfrigérateurs, les chaînes de restauration rapide, les produits en plastique, le bois, la céramique….

En 2005, «*Poulina Group Holding*» a fait une restructuration visant une organisation en pôles d'activité qui a abouti à la répartition des sociétés en branches d'activité plus ou moins homogènes et l'apparition des 5 groupes distincts pour lesquels un travail de consolidation des comptes a été entamé.

La Pâtisserie **CHAHRAZED,** où j'ai effectué mon stage de projet de fin d'études, crée en 2011 est une filiale de « ***Poulina Group Holding*** ». Elle a pour principale activité la production et la commercialisation de produits alimentaires essentiellement quatre articles qui sont : Madeleine, Cake Maxibon, Jojo et Muffins.

Cette filiale regroupe les activités des départements de Flocons d'or de Bouargoub, Gipa Pâtisserie de Poudrière à Sfax et Gipa de Bordj Cedria.

Introduction

Suite à l'industrialisation des produits alimentaires de qualité, le consommateur devient plus exigent et s'intéresse beaucoup plus au produits qui répondent aux critères des normes de la sécurité alimentaire nationales et mêmes internationales. Pour ces raisons l'industriel se trouve concentré afin de procurer à sa clientèle la qualité qu'elle cherche.

La pâtisserie industrielle a également vécu ce changement dans le choix du consommateur surtout lorsque ce dernier a abandonné les produits « faits maison » et consomme de plus en plus les produits « prés à l'emploi ». Donc pour garantir la fidélité de sa clientèle l'industrie trouve dans l'amélioration continue de ses produits tout en préservant les qualités sensorielles et microbiologiques une stratégie indispensable pour assurer la stabilité du produit. En effet les résultats recherchés exigent des études approfondies pour déterminer les causes de l'instabilité du produit si elle existe et les moyens qui mènent vers un produit meilleur.

L'objectif de la présente étude consiste à :

Utiliser un plan d'expérience de type « Box Behenken » qui fait varier trois facteurs supposés les plus influençant la qualité du cake industriel dit « Muffins » et qui sont :

- La concentration en lactosérum en pourcentage par rapport au jus d'œuf dans la pâte.
- La vitesse du mélange : c'est un paramètre lié à l'équipement utilisé pour assurer le battage des ingrédients à fin de passer à l'état mousseux.
- La durée du mélange en minutes.

Et noter les caractéristiques rhéologiques de la pâte du cake ainsi que les caractéristiques physicochimiques contrôlant la qualité du cake dans le but de déterminer la combinaison optimale qui mène vers le produit le plus stable.

Le plan général de ce travail est divisé en trois grandes parties :

- Une étude bibliographique qui présente le rôle des ingrédients formant le « Muffins » ainsi que les facteurs d'altération de ce produit et les méthodes correctives pour chaque cas.

- La partie Matériels et méthodes consiste à évoquer le matériel et les méthodes adoptées pour réaliser les expériences.
- La dernière partie c'est la partie résultats et discussions qui consiste à analyser, à traiter les résultats trouvés et les discuter afin de conclure à propos de l'étude menée.

I. Etude bibliographique

I.1. Le cake industriel ou « Muffins »

Le cake fait partie des produits de cuisson céréalières humides. Il s'agit d'un produit ayant une humidité élevée (supérieure à 12 %), une texture souple et une activité d'eau comprise entre 0,6 et 0,85. D'où sa classification parmi les aliments à humidité intermédiaire (Benoualid et *al.*, 1989). On peut définir aussi le cake en tant qu'une mousse protéique, stabilisée par l'amidon gélatinisé, contenant des matières grasses, des émulsifiants et des arômes. Les gazs provenant des réactions chimiques in situ, contribuent principalement à l'aération de cette mousse (Bennion et *al.*, 1973).

Les caractères essentiels des produits de cuisson humides sont principalement (Multon et *al.*, 1989):

- ➢ Les propriétés physico-mécaniques : Fragiles, légers, dimensions et formes variables.
- ➢ Les propriétés organoleptiques : Texture souple et moelleuse.
- ➢ La propriété physico-chimique : Humide, activité de l'eau élevée, sensible à l'oxydation, altérations microbiologiques.

I.2. Rôles des ingrédients du cake

I.2.1. Rôle de la farine

La farine est le composant le plus majoritaire dans la recette d'un produit pâtissier. En effet, la principale propriété mécanique de la farine est sa force boulangère. La force boulangère est la propriété que possède une farine mélangée avec de l'eau, de donner une pâte possédant ténacité et extensibilité(ou souplesse) et ce, grâce au gluten contenue dans celle-ci.

Les types de farines sont définis sur la base de la teneur en cendres, corrélée à la matière minérale présente dans la farine (tableau 1), qui est d'autant plus basse que la proportion d'enveloppe du grain est faible. La farine est dite de « type x » (« Tx » sous forme abrégée), quand les teneurs en cendres entrent dans la fourchette définie autour de x % de la matière sèche. Les minéraux étant simultanément présents avec les fibres et les vitamines dans les enveloppes, il est logique que les différences de teneur de minéraux (selon les différents produits de la mouture) s'accompagnent des mêmes modifications de celles des vitamines et des fibres (Bourre, 2008).

Tableau 1. Farines pâtissières (Colas, 1991)

Dénomination	Taux de cendres en % de la MS	Taux d'extraction moyen corrélatif	Domaine d'application
Type 45	<0,50	67-70	Pâtisseries et usages ménagers
Type 55	De 0,50 à 0,60 / 0,62	75	Boulangerie, biscuiterie et pâtisserie

La farine la plus utilisée en pâtisserie est la farine de type 55.

I.2.2 Rôle de la matière grasse

Les graisses ont de nombreuses fonctions importantes sur une émulsion alimentaire. Ils contribuent à la vie de la saveur, l'apparence, la texture et la conservation des aliments à forte émulsion (McClements et Demetriades, 1998)

La matière grasse utilisée dans la fabrication d'une pâtisserie industrielle sert à :

- ✓ Enrober les protéines du gluten et des œufs ainsi que les particules de l'amidon et empêche leur hydratation (Des Rochers et *al.*, 2004 ; Figoni, 2008).

- ✓ Emulsifier les liquides dans la pâte ce qui augmente l'humidité de la mie en lui conférant une texture douce et tendre (Bennion et *al.*, 1973 ; Feillet, 2000; Figoni, 2008).

- ✓ Empêcher la formation d'une structure robuste du gluten lors de la préparation de la pâte.

- ✓ Produire un bon volume et une meilleure texture grâce à sa capacité d'écrémage, qui est la capacité à piéger l'air d'une matière grasse (Bennion et *al.*, 1973).

La matière grasse utilisée pour la fabrication des Muffins, dans cette étude, est l'huile de soja. Il s'agit d'une huile végétale extraite des granules de soja, utilisée dans l'alimentation et elle présente un grand intérêt en pâtisserie grâce à la lécithine qu'elle contient et dont les qualités d'émulsifiant et de liant naturel sont très recherchées (Cossut et *al.*, 2002).

Etant donné qu'elle est très riche en acides gras insaturés, l'huile de soja contient de l'acide oléique, de l'acide linoléique, et de l'acide α-linolénique (Oméga 3) et elle est également riche en vitamines A, D et E (Feillet, 2000).

I.2.3 Rôle du sucre
Le sucre est parmi les ingrédients majeurs de la recette du cake vue sa contribution dans la révélation du gout sucré dans le produit final.

Le saccarose n'apporte pas que la saveur sucrée au cake mais plus il y a du sucre dissout plus la pâte s'étale. De plus le rapport sucre/farine ou sucre/gluten est une donnée importante à connaître si on veut contrôler la structure de la pâte et la régularité de la texture du produit fini. A part la texture le gout et la flaveur apportés par la réaction de Maillard on a la rétention d'eau ou les sucres jouent un rôle prépondérant qui ne peuvent pas être obtenus par des mélanges d'édulcorants de synthèse et des produits de masse tel que le dextrose.

I.2.4. Rôle des œufs
Les œufs et les ovoproduits sont utilisés dans les entreprises agroalimentaires ou en restauration collective pour leur valeur nutritionnelle, mais également pour leurs propriétés fonctionnelles qui les rendent indispensables dans de nombreuses fabrications. Les œufs et les ovoproduits deviennent donc des produits alimentaires qui doivent être standardisés, constants en composition et en propriétés fonctionnelles. La supériorité des ovoproduits sur l'œuf devint alors évidente en termes de propriétés fonctionnelles spécifiques et de praticité.

Le blanc d'œuf ou albumen est fait de protéines. Il ne contient quasiment pas de lipides. Les protéines du blanc d'œuf sont riches en acides aminés soufrés, très fragiles. Ces protéines qui expliquent les réactions du blanc d'œuf à la chaleur ou à l'émulsion :

- ✓ Les ovalbumines coagulent sous l'effet de la chaleur.
- ✓ Les globulines et le lysozyme se chargent de monter les blancs en neige.
- ✓ Les conalbumines donnent au blanc d'œuf son aspect gélatineux.
- ✓ Les ovomucoides améliorent la qualité nutritionnelle de l'œuf.

Le jaune d'œuf ou vitellus est composé de protéines et de lipides facilement dispersables dans l'eau. Ce sont ces lipoprotéines qui permettent l'émulsion de l'huile au contact du jaune d'œuf. (Nathalie Nathier-Dufour, 2005)

I.2.5. Rôle de l'amidon

Du latin *amylum*, l'amidon est un glucide complexe (polysaccharide) composé de chaînes de molécules de D-Glucose. Il s'agit d'une molécule de réserve énergétique pour les végétaux supérieurs et un constituant essentiel de l'alimentation humaine.il possède la structure chimique suivante

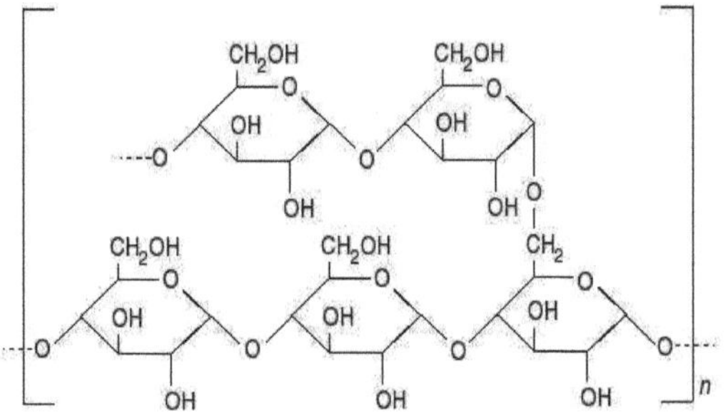

Figure 1. Structure chimique de la molécule d'amidon de maïs (codex alimentarius)

L'amidon est le constituant majeur de la farine (70-75%). Il se présente sous la forme de granules. Les granules sont constituées de deux molécules : l'amylose (chaîne linéaire de glucose) pour environ 25% et l'amylopectine (chaîne ramifiée de glucose) qui constitue la fraction principale.

Au cours du processus de cuisson, les granules vont gonfler puis éclater .L'intensité de ce phénomène dépend de deux facteurs :

- Les conditions de la cuisson (temps et température)
- La quantité d'eau disponible

L'amidon est un agent, de liaison, de texture de coloration et de saveur (réaction de Maillard).

I.2.6. Rôle des stabilisants

Les agents stabilisants, épaississant et /ou gélifiants sont largement utilisés dans les produits alimentaires. En effet, ce sont tout d'abord des puissants modificateurs de texture, même lorsqu'ils sont présents en faible quantité. De plus, ils permettent d'augmenter fortement la stabilité dans le temps des aliments élaborés, notamment des produits laitiers (syrbe et *al*., 1998- Thaiudom, S et *al*., 2003). Enfin, ce sont également des ingrédients de substitution, par exemple de la matière grasse pour les produits allégés. Ce sont tous des biopolymères de type polysaccharides (agar, alginates, amidon, farine de graine de caroube, carraghénanes, dérivés de la cellulose, gomme arabique, guar, pectine, xanthane…), formés de sucres comme monomères, à l'exception de la gélatine qui est une protéine et qui est l'hydrocolloïde le plus universellement utilisé dans l'industrie agroalimentaire à ce jour.

I.2.7. Rôle des émulsifiants

La définition officielle d'un émulsifiant indique qu'il s'agit d'une substance qui, ajoutée à une denrée alimentaire, permet de réaliser ou de maintenir le mélange homogène de deux ou plusieurs phases non miscibles telles que l'huile et l'eau. Les émulsifiants jouent de nombreux rôles en biscuiterie-pâtisserie : ils permettent de stabiliser les émulsions, de réguler la viscosité des pâtes, d'améliorer l'incorporation d'air.De plus, ils interagissent avec les proteines et l'amidon.lorsqu'un émulsifiant et notamment un monoglycéride est incorporé dans une pâte, il va réagir avec l'amidon au cours de la cuisson. Plus précisemment, le monoglycéride va former un complexe avec l'amylose. La molécule linéaire du monoglycéride va se placer à l'intérieur de la molécule hélicoidale de l'amylose.ce phénomène va empécher la diffusion de l'amylose hors du granule d'amidon et limiter l'absorption de l'eau.Ainsi, l'amidon aura moins gélatinisé et donc rétrogradera moins. D'autre part, lors du refroidissement, l'amylose qui aura formé un complexe avec le monoglycéride ne rétrogradera pas. Cela signifie que la quantité d'amylose qui va rétrograder sera beaucoup plus faible. Tous ces facteurs expliquent l'effet bénéfique des émulsifiants sur la texture. Le formulateur d'une recette doit rechercher des ingrédients qui, d'unepart,réduisent l'intensité de la gélatinisation, et de la rétrogradation de l'amidon et qui, d'autre part, réduisent la vitesse de rétrogradation de l'amidon. L'association d'un émulsifiant et d'un agent épaississant semble être une voie très intéressante.

I.2.8. Rôle des additifs alimentaires

I.2.8.1. Le sorbate de potassium

Il est connu sous le nom (E202). Le sorbate de potassium est un additif alimentaire, plus précisément c'est un agent conservateur. De point de vue chimique c'est un sel de potassium de l'acide sorbique (E200).Il est synthétisé chimiquement et on le retrouve dans de nombreux aliments. Sa formule chimique est la suivante :

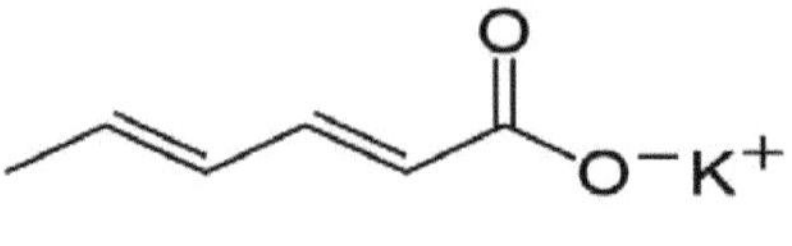

Figure 2. Structure chimique du sorbate de potassium (IUPAC Chemical Nomenclature)

I. 2. 8. 2. L'acide citrique

L'acide citrique est un acide alpha hydroxylé dont la formule chimique est la suivante : $C_6H_8O_7$.

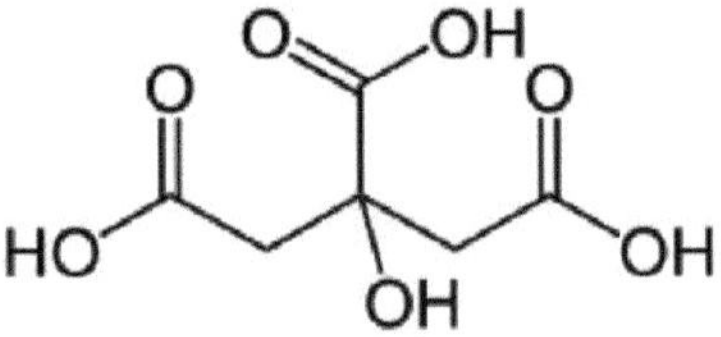

Figure 3. Structure chimique de l'acide citrique (Neurotiker 2007)

L'acide citrique est un additif alimentaire connu aussi sous le nom E330 préparé industriellement par fermentation fongique et est utilisé dans l'industrie alimentaire comme acidifiant (soda), correcteur d'acidité, agent de levuration, dans la composition d'arôme (Numéro FEMA/GRAS 2306).

I. 2. 8. 3. Mono propylène glycol (MPG)

Mono propylène glycol ou propane-1,2-diol appelé aussi 1,2-dihydroxypropane, méthyl glycol de formule $C_3H_8O_2$ est un diol utilisé principalement comme additif alimentaire considéré comme généralement non toxique (E1520).

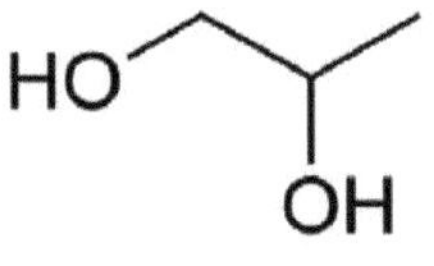

Figure 4. Structure chimique du MPG (Karlhahn 2007)

Il est utilisé dans l'industrie alimentaire comme émulsifiant dans les sauces et assaisonnements, ou comme solvant dans les arômes liquides.

I. 2. 8. 4. La glycérine végétale

Cette substance est également appelé glycérol, et son nom officiel est le propan-1, 2,3-triol(ou 1, 2,3-propanetriol). Il est utilisé généralement dans les recettes dans plusieurs produits. Les principales caractéristiques de la glycérine sont d'être : incolore, visqueuse, inodore, de se mélanger à l'eau, et non toxique.

I. 2. 8. 5. Rôle du sorbitol

C'est un édulcorant (E420) utilisé dans la nourriture de régime mais aussi dans des nombreux produits élaborés par l'industrie agro-alimentaire dans lesquels il joue le rôle d'anti-cristallisant et d'émollient.

Il est aussi utilisé comme excipient, humectant, stabilisant et séquestrant. Il fournit 2,6-3,4 kilocalories par gramme, donc moins que le sucre (>3,5 calories par gramme) et n'augmente que très peu la glycémie. Le sorbitol, comme l'érythritol et le xylitol, possède un goût frais en bouche utile pour les chewing gum, les dentifrices et les produits pour soins de la bouche. L'abus chronique de sucreries édulcorées au sorbitol peut provoquer des troubles gastriques et peut représenter un apport calorique non négligeable (contrairement aux allégations industrielles). (Journal officiel de l'Union européenne)

I. 2. 8. 6. Rôle des arômes

Les arômes sont des ingrédients alimentaires non consommés à l'état, ajoutés en faibles quantités aux aliments dans le but de leur conférer un goût et/ou une odeur spécifiques (sauf les ingrédients ayant exclusivement un gout acide, salé et sucré). Il y a deux raisons principales à l'utilisation d'arômes :

- ✓ Conférer une saveur intrinsèque à un aliment.
- ✓ Conférer à un aliment un arôme perdu ou modifié par un procédé de transformation.

Les arômes sont commercialisés sous différentes formes : liquides, poudres, émulsions ou encore micro capsules.

L'usage d'arômes est seulement autorisé dans les produits alimentaires qui ont été transformées et dans des conditions réglementaires précises fixées par catégories d'aliments. (Règlement européen N°1334/2008)

I. 2. 8. 7. Rôle du sel

En pâtisserie, le sel représente l'une des matières premières essentielles. En effet, il modifie fortement les paramètres de gélatinisation de l'amidon. De plus, il contribue à développer la saveur des pâtes. Il améliore également les propriétés plastiques des pâtes, en augmentant l'élasticité du gluten. Il favorise aussi la coloration. Etant très hygroscopiques, il joue un rôle important dans la conservation des produits, c'est un agent humectant (Bennion et *al.* 1973).

I. 2. 9. Rôle du lactosérum

Le lactosérum, ou petit-lait ou sérum, est la partie liquide issue de la coagulation du lait. Le lactosérum est un liquide jaune-verdâtre, composé d'environ 94 % d'eau, de sucre (le lactose), de protéines et de très peu de matières grasses.

L'industrie agro-alimentaire utilise les qualités nutritionnelles et techno-fonctionnelles des protéines sériques du lactosérum : solubilité sur toute l'échelle de pH, pouvoirs moussant, thermogélification à partir de 70 °C, bonnes propriétés émulsifiantes, structurantes et de rétention de l'eau.

Si on classe les propriétés fonctionnelles des protéines du lactosérum en fonction de la nature des liaisons entretenues, on obtient principalement les trois catégories suivantes :

- ✓ Propriétés d'hydratation : solubilité, rétention d'eau
- ✓ Interaction protéine/protéine : gélification, texturation
- ✓ Propriétés d'interactions avec une phase grasse ou gazeuse: formation et stabilisation de mousses et d'émulsions (Cayot et *al.*, 1998)

Les protéines fonctionnelles du lactosérum utilisé pour différentes propriétés qui sont récapitulés dans le tableau suivant :

Tableau 2. Utilisations fonctionnelles des protéines du lactosérum (Cayot et al, 1998)

Les produits alimentaires	Objectifs fonctionnels
Produits laitiers	Rétention d'eau
	Gélification
	Viscosité
	Emulisification
	Foisonnement
Desserts	Emulsification
	Gélification
	foisonnement
Pâtisserie/Boulangerie	Tenue après caisson
	Gélification
	Foisonnement
Confiseries	Rétention d'eau
	Gélification
	Coloration
Charcuteries	Rétention d'eau
	Viscosité
Sauces	Rétention d'eau
	Viscosité
Boissons et alcools	Stabilisation de la crème dans l'alcool

I. 3. Diagramme de fabrication du cake

I. 3. 1. Le battage

La plupart des types de cake exigent une méthode particulière de mélange. Les procédés de mélange afin d'obtenir des pâtes peuvent être classés comme mélange unique ou multi étape, en fonction de la constitution en air désirée dans la pâte (Delcour et Hoseney, 2010). Le premier objectif de l'étape de mélange est de combiner tous les ingrédients pour obtenir une pâte uniforme et pour former une émulsion stable contenant les deux ingrédients principaux : la graisse et de l'eau. Le second objectif de mélange est d'intégrer une grande quantité de gaz dans les cellules de la pâte, ce qui est important pour la texture du cake et sa levée (Conforti, 2006).

Le mélange multi- étape

Ce type commence par mélanger la matière grasse et le sucre ensemble pour former une crème (Berger et Yoell, 1976). Après le crémage les œufs sont ajoutés et le sucre se dissout. L'émulsion est convertie en une émulsion huile -dans-eau.

Dans une dernière étape, la farine est ajoutée. Le sucre les protéines de l'œuf sont présentes dans la phase aqueuse et les particules de farine sont mises en suspension dans la pâte à gâteau finale (Berger et Yoell, 1976).

Le mélange en une seule étape

En mélangeant en une seule étape, tous les ingrédients sont ajoutés à la fois
tandis que l'air est incorporé dans la phase aqueuse (Delcour et Hoseney, 2010).

I. 3. 2. La cuisson

La cuisson est un traitement thermique de stabilisation des produits. C'est l'étape la plus spectaculaire de la fabrication. Elle permet de faire passer le produit de l'état mousseux à l'état spongieux dans un four (Kiger, 1985).

Au cours de cette étape plusieurs phénomènes se produisent :
- ✓ La coagulation des matières albuminoïdes (gluten, blanc d'œufs …)
- ✓ La réaction de Maillard entre les sucres réducteurs et les acides aminés qui est responsable de la coloration dorée du cake.

✓ Le dégagement gazeux généré par la chaleur sous l'action des agents de levée est responsable de la structure alvéolaire du produit (Matz, 1992 ; Ménard, 1992 ; Feillet, 2000. Edward, 2007).

I. 3. 3. Refroidissement, manipulation et conditionnement

La mauvaise conduite de ces étapes est la principale source d'altérations. En général, le contact du produit avec l'air ambiant et les surfaces du travail ainsi que la manipulation par le personnel lors de l'emballage, accentuent le risque de la contamination microbiologique au cours du stockage (Matz, 1992 ; Ménard, 1992 et Feillet, 2000).

I. 4. Les paramètres influençant la qualité du cake

I. 4. 1. Effet de la vitesse et de la durée du battage sur les caractéristiques de la pâte

La vitesse d'agitation est probablement le paramètre qui a été le plus étudié dans la littérature. La plupart des études ont conclu que l'augmentation de la vitesse d'agitation se traduit par une amélioration du foisonnement qui se traduit par la quantité du gaz introduite dans la pâte ce qui favorise une levée au cours de la cuisson et une amélioration de la texture, soit parce qu'elle permet d'atteindre le taux de foisonnement maximal, soit par une diminution de la taille moyenne des bulles de gaz. Le battage peut être effectué moyennant une agitation manuelle et cette dernière pourra former une mousse même en faibles quantité, mais un battage mécanique est indispensable à l'obtention d'une mousse stable au cours du temps.

En effet, il n'y a pas beaucoup de références à-propos les appareillages mécaniques donnant des pâtes meilleures, mais il est connu que les systèmes rotatifs sont les plus utilisés dans les industries pâtissières. En réalité, il y a deux principales catégories d'équipements industriels pour la réalisation de l'opération du battage :

- Une production en batch ou discontinu qui correspond au battage.
- Une opération en continue utilisant l'injection de l'air.

La production de mousse dans un récipient ouvert à pression atmosphérique ou dans une cuve fermée à haute pression, en injectant du gaz ou en l'aspirant par le ciel. Elle est peu satisfaisante car dans ces conditions, la quantité d'air incorporée dans la phase continue ne peut pas être facilement maitrisée. La quantité d'air introduite augmente d'une manière continue jusqu'à un volume maximal qui dépend de la formulation ainsi que des conditions opératoires. Van Aken (2001) montre que la vitesse du battage influe sur la formation de la mousse. Une vitesse optimale est requise pour que les premières bulles d'air apparaissent et plus la vitesse de battage est élevée, plus la mousse est formée rapidement et à une vitesse élevée. En effet, prolonger le battage au-delà d'un certain point induit l'effondrement de la mousse (Van Aken, 2001), à cause de l'accélération du phénomène de coalescence des bulles d'air qui remontent et explosent à la surface d'une part, et de l'autre part à cause de la restructuration de la phase continue et notamment la formation possible de micro-phases individualisée des différents ingrédients.

I. 5. Les facteurs d'altération

L'aliment est un système complexe. On distingue des facteurs d'altération intrinsèques liés à l'aliment et ceux extrinsèques qui proviennent de l'environnement.

I .5. 1. Les facteurs intrinsèques

I. 5. 1. 1. Le pH

Le pH de l'aliment agit directement sur le développement microbien et par conséquent sur la qualité du produit. Si le produit est riche en glucides et a un pH > 6 il a tendance à la fermentation lactique. Par la suite à la diminution du pH, et à l'apparition d'un goût acide désagréable (Guiraud, 2004).

I. 5. 1. 2. L'activité de l'eau

L'activité de l'eau (a_w) indique la disponibilité de l'eau dans un produit pour des réactions biochimiques, un changement d'état ou un développement de micro-organismes.

Plus l'eau est disponible en grande quantité, plus il sera facile aux microorganismes de coloniser un aliment.

La valeur de l'activité de l'eau varie entre 0 (produit sec au point que toute l'eau est liée à l'aliment, et donc sans qualité réactive) et 1 (eau pure et sans soluté).

La figure suivante illustre les risques de détérioration de produit de pâtisserie industrielle en fonction de l'activité de l'eau.

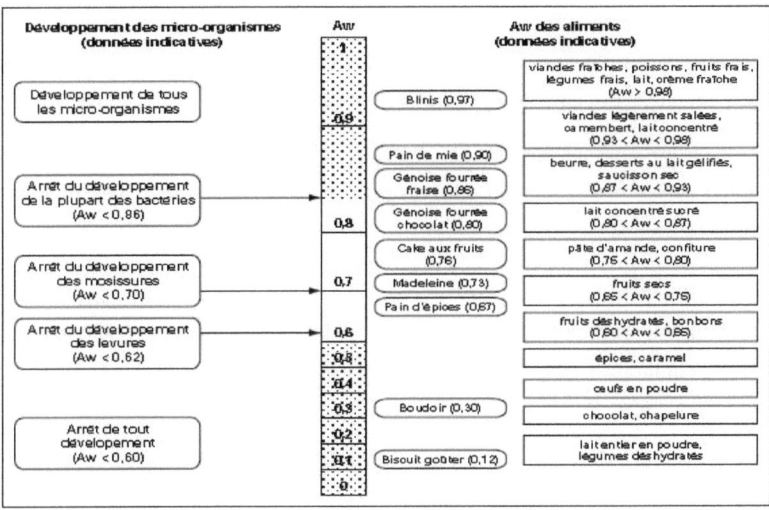

Figure 5. Rôle de l'aw sur le développement des micro-organismes

(Alliance 7 : CTUC, 1995)

I.5.1.3. Potentiel d'oxydo-réduction

C'est le pouvoir plus ou moins oxydant ou réducteur d'un milieu. Il joue un rôle très important dans la prolifération des microorganismes.

Dans l'aliment, ce potentiel varie en fonction de la teneur en oxygène et de la concentration en substances réductrices (additifs antioxydant, glucose, polyphénols…). Il est nécessaire d'abaisser ce potentiel pour limiter les réactions d'oxydation et d'inhiber la croissance des microorganismes aérobies stricts (Cuq et Guilbert, 1992; Kilcast et Subramaniam, 2000; Guiraud, 2003).

I.5.2. Les facteurs extrinsèques

I.5.2.1. La température

Ce facteur accélère la vitesse de détérioration de l'aliment. De plus, la variation brusque de température, surtout lorsque l'emballage n'est pas hermétique, mène à des dépôts de buée (condensation) en surface favorisant le développement des microorganismes. La température d'entreposage est souvent indiquée sur l'emballage et doit être respectée pour limiter les altérations (Kilcast et Subramaniam, 2000).

I. 5. 2. 2. L'humidité relative

Une humidité relative élevée est favorable aux microorganismes, même si la température est basse. Si le milieu est très humide il va permettre alors la multiplication des germes microbiens.

De plus, si on place un aliment très sec dans un milieu humide, l'aliment aura tendance à absorber très rapidement l'humidité qui va offrir aux microorganismes un environnement favorable à leur croissance.

I. 5. 2. 3. La lumière

L'exposition à la lumière, catalyse les altérations des lipides et plus précisément l'oxydation. Pour limiter l'effet de ce facteur, il suffit d'utiliser des emballages opaques (Kilcast et Subramaniam, 2000).

I. 6. Les réactions d'altération

I. 6. 1. Les altérations physico-chimiques

I. 6. 1. 1. Le rancissement

Le rancissement est l'une des principales réactions de détérioration des aliments à faible ou moyenne teneur en eau. Les produits de pâtisserie, riche en œufs et en matières grasses sont susceptibles d'altération oxydatives.

Le principal défaut des lipides est de s'oxyder facilement sous l'action de la chaleur et la lumière. La réaction d'oxydation des lipides est initiée entre des lipides le plus souvent polyinsaturés et l'oxygène.

Elle se déroule selon un mécanisme radicalaire en chaîne qui comporte trois groupes de réactions :

- ✓ **Initiation** : activation de l'acide gras.
- ✓ **Propagation** : fixation de l'oxygène dissout dans la phase lipidique sur les radicaux libre d'acide gras.
- ✓ **Terminaison** : dégradation des peroxydes instables en composées plus stable (aldéhydes, cétone, esters…) (Davies, 2004; Gordon, 2004; Singh et Anderson, 2004).

I. 6. 1. 2. Le rassissement

Ce phénomène est perçu dès le refroidissement après la sortie du four. Il décrit la perte de fraicheur des produits de pâtisserie tels que « les Muffins » qui deviennent de plus en plus secs et friables et les qualités gustatives se détériorent pendant la conservation. Cela est causé par la recristallisation de l'amidon. Les propriétés de solubilisation, gélification et rétrogradation de l'amidon jouent un rôle prépondérant dans la texture des Muffins.

Au cours de la cuisson, l'amidon se solubilise et gélatinise. Lors du refroidissement, une partie de l'amidon (amylose) entame sa rétrogradation ce qui confère à la mie sa fermeté.

Au cours du stockage, le reste de l'amidon (amylo-pectine) poursuit la rétrogradation. C'est ce dernier phénomène qui est responsable du rassissement.

L'intensité de ce phénomène dépend de deux facteurs :

- ✓ Les conditions de cuisson (temps et température).
- ✓ La quantité d'eau disponible (Ménard et *al.,* 1992; Singh et Anderson, 2004; Delacharlerie et *al.*, 2008; Vierling, 2008).

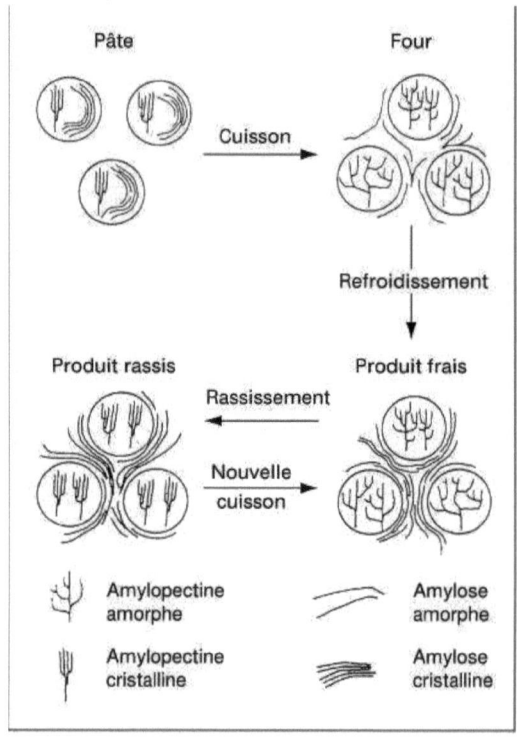

Figure 6. Représentation schématique de la transformation de l'amidon de la farine du blé (CTUC, 1995)

I. 6. 2. Les altérations microbiologiques

Les aliments à humidité intermédiaire, comme les Muffins, présentent un risque majeur pour le développement des levures et moisissures ; en effet l'activité de l'eau est le facteur le plus important favorisant le développement des micro-organismes car celle-ci exerce une influence sur la pression osmotique qui contrôle les échanges à travers les membranes des micro-organismes (Roux, 1994; Esse et Saari, 2004).

I. 6. 3. Les altérations enzymatiques

La plupart des réactions enzymatiques sont conditionnées assez étroitement par l'activité de l'eau (Cheftel et *al.*, 1977). Ce sont essentiellement des réactions d'hydrolyse et d'oxydation résultant de réactions biochimiques catalysées à température moyenne 15°C-44°C par les enzymes exogènes apportées par les micro-organismes (Roux, 1994; Singh et Anderson, 2004).

I. 7. La maîtrise des altérations
I. 7. 1. La formulation
I. 7. 1. 1. Les additifs dépresseurs de l'activité de l'eau

Dans le cadre de la formulation d'un produit à humidité intermédiaire, l'abaissement de l'a_w se fait essentiellement grâce à l'emploi de dépresseurs de l'activité de l'eau.

Il existe de nombreux additifs qui sont dépresseurs de l'activité de l'eau. Leur efficacité dépend du type de produit, des traitements et des conditions de conservation.

Cependant, le sel (NaCl) peut être considéré comme l'agent dépresseur de l'activité de l'eau le plus efficace devant le glycérol puis le sorbitol. De plus, il existerait des synergies entre certains dépresseurs.

L'incorporation de dépresseurs de l'activité de l'eau ne doit pas se faire aux dépens du goût. Ainsi, l'emploi de sel ou de glycérol en pâtisserie est limité à de faibles doses, permettant d'éviter des saveurs trop salées ou trop amères. En pâtisserie, le mélange sucre, sel, glycérol, sorbitol donne une bonne texture en général.

Le sorbitol (E 420) et le glycérol (E 422) sont autorisés à dose Quantum Satis (QS), c'est-à-dire qu'aucune quantité maximale n'est spécifiée (El Gerfissi, 1998). Le tableau suivant indique pour un certain nombre d'additifs, les coefficients d'équivalent saccharose. Le coefficient de 2 pour le sorbitol, par exemple, signifie que 1 g de matière sèche de sorbitol lie l'eau autant que 2 g de saccharose ; le coefficient de 9 pour le sel signifie que 1 g de sel lie l'eau autant que 9 g de saccharose.

Tableau 3. Coefficients d'équivalent saccharose (matières sèches des produits) pour divers produits (El Gerfissi, 1998).

Sel (chlorure de sodium)	9	Lévulose	1,3	Amidon	0,8
Alcool éthylique pur	8	Sucre inverti	1,3	Sirop de glucose 40 DE	0,8
Glycérols	4	Farine de soja	1,2	Gomme arabique	0,8
Levure chimique	3	Lait écrémé	1,2	Œufs entiers	0,8
Acide citrique, tartrique	2,5	Raisin sec	1,2	Pectine	0,8
Sorbitol	2	Sirop de glucose 60 DE	1	Sirop de glucose 28 DE	0,7
Blanc d'œuf	1,4	Lactose	1	Farine de blé	0,85
Dextrose	1,3	Lait entier	1	Jaune d'œuf	0,50
Gélatine	1,3	Saccharose	1	Matière grasse	0

I.7.1.3. La matière sucrante

Le saccharose provoque une augmentation de la température de gélatinisation de l'amidon. Cette action du sucre peut être expliquée par plusieurs hypothèses. La plus communément admise est la compétition entre sucre et amidon pour l'eau, l'eau étant alors moins disponible pour la gélatinisation de l'amidon (El Gerfissi, 1998).

Toutefois, l'augmentation de la quantité de sucre dans la formule dans des proportions trop importantes risque de conduite à des défauts de consistance de pâte et de volume des produits.

I. 7.1.4. Les émulsifiants

Les émulsifiants sont des molécules qui possèdent une extrémité hydrophile et une extrémité hydrophobe. Elles facilitent ainsi l'homogénéisation dans les denrées alimentaires de plusieurs constituants non miscibles, et forment des émulsions stables (Sahi et Alava, 2003).

Elles contribuent à donner une mie moelleuse et limitent le rassissement car elles retardent le processus de rétrogradation de l'amidon en prévenant sa gélatinisation (Ranken et *al.*, 1997; Figoni, 2008).

I. 7. 1. 5. Les conservateurs
- **Le sorbate de potassium :**

Reconnu par le code E202, le sorbate de potassium sert à prolonger la durée de conservation des aliments en les protégeant contre les altérations dues aux micro-organismes (Figoni, 2008).

- **L'acide citrique :**

L'acide citrique (E330) est un correcteur d'acidité. Il est naturellement présent dans le citron en grande quantité. Il agit en modifiant l'acidité des aliments toute en les protégeant contre les altérations dues à l'action de l'oxygène telles que le rancissement des matières grasses (Ranken et al., 1997).

I. 7. 2. Les conditions de stockage

L'étape de stockage représente, pour les produits à humidité intermédiaire, un point critique qu'on doit maitriser afin de prévenir le développement de contaminants et l'accélération d'altération. Ainsi l'humidité et la température des lieux de conservation jouent un rôle important quant à la préservation de ces produits. En effet, les pâtisseries industrielles ne devraient pas subir après fabrication des températures supérieures à 15-25°C au maximum et l'exposition au soleil. Ces dernières favorisent les réactions d'oxydation (Jouve, 1996).

I. 8. Les défauts du cake

Les défauts du cake sont dus à une, ou à la combinaison des causes suivantes (Bennion et al., 1973):

- ➢ Des matières premières pauvres ou inadaptées.
- ➢ Un traitement défectueux : crémage insuffisant, manipulation excessive à l'étape finale du mélange.
- ➢ Une cuisson insuffisante.
- ➢ Une mauvaise manipulation après la cuisson.

Bennion (1973) et Kiger (1985) ont présenté certains défauts du cake, tout en précisant les causes possibles ainsi que les corrections.

Tableau 4. Les défauts du cake (Bennion, 1973 et kiger, 1985)

Défauts	Causes possibles	Correction
Retombée à la cuisson	Proportion trop élevée de levure chimique.	Réduire la proportion de levure chimique.
	Proportion trop élevée de lait donnant une pâte trop liquide.	Réduire cette proportion.
	Emploi d'une farine trop faible, pour la proportion de matière grasse et surtout du sucre.	Utiliser une farine plus forte, ou diminuer la proportion de sucre et de matière grasse.
	Cuisson insuffisante.	Surveiller la température et le temps de cuisson.
Développement insuffisant	Levée trop faible : manque d'œufs dans la formule ou sous dosage de la levure chimique.	Utiliser des proportions adéquates de levure et d'œufs.
	Trop de farine dans la formule ou farine trop forte.	Diminuer la dose de farine ou la couper d'un peu d'amidon de maïs.
	Cuisson à four trop chaud ou cuisson à four trop tiède.	Surveiller la température du four.
Défauts de la mie	Mie raide et dure : manque de sucre dans la formule.	Vérifier la formule ou l'exécution. Optimiser les conditions de cuisson.
	Points foncés dans la mie.	Sucre à cristaux trop gros s'étant mal dissous.
	Mie sèche et raide	Four trop froid demandant un temps de cuisson trop prolongée.
	Présence de gros trous : -prés de la surface : trop de buée ; -dans la masse : farine trop forte, insuffisance de crémage des matières grasses.	Diminuer les buées Bien vérifier le temps de battage et la température des différents composants.
Cake se desséchant ou rancissant rapidement	Cuisson trop lente à four trop froid : manque de liquide dans la pâte	Augmenter la température de cuisson ; Employer plus d'œufs, ou plus de substitut d'œufs.
	Trop de levure chimique	Régler la dose ou remplacer une partie par des œufs.
	Manque de matières grasses et d'œufs dans la formule.	Réajuster la formule ou remplacer une partie du sucre par du sucre inverti.

I. 9. Caractérisation rhélogique

Dans le cadre de la recherche et du développement, la mesure des propriétés rhéologiques est un outil très répandu afin de caractériser les attributs texturaux des produits alimentaires tels que l'onctuosité, la capacité d'étalement et la consistance, mais également pour contrôler leurs propriétés d'écoulement au cours des opérations unitaires telles que le pompage et le mélange.

En effet, d'après Bekkour et Lounis (2004) l'application de contraintes de cisaillement lors des opérations de mélanges, d'écoulement ou d'injection, peuventr modifier leur structure, leur texture et donc leur propriétés.

Les mousses sont généralementt des produits semi-solides au repos, mais facilement tranchables et souples en bouche. La texture des produits foisonnés est généralement quantifiée par des méthodes issues de la rhéologie sous cisaillement ou de la pénétrométrie (Jakubbczyk et Niranjan, 2006).

Les facteurs clefs qui contrôlent la texture des produits foisonnés sont encore la viscosité de la phase continue, le taux de foisonnement, les propriétés interfaciales et le diamètre des bulles (Thakur et al., 2006 ; Thakur et al., 2005 ; Vial et al., 2006). Des analyses rhéologiques en mode dynamique ont été réalisés sur la crème fouettée et sur les gâteaux moelleux, non seulement afin d'évaluer leurs propriétés rhéologiques, mais également dans le but de suivre la manière dont ces propriétés vont changer au cours de l'aération (Massey, 2002 ; Jakubczyk et Niranjan, 2006). Même si une phase continue est très visqueuse, l'incorporation des bulles d'air devrait rendre le mélange gaz/liquide plus rigide (prédominance des propriétés élastiques sur les propriétés visqueuses). Toutes les sortes de crèmes fouettées par Jakubbczyk et Niranjan 2006 ont montré un comportement viscoélastique, une forte augmentation du module visqueux G' et du module élastique G'' étant observée durant le foisonnement ; ceci est attribué à la présence des bulles ainsi qu'aux agglomérats de matière grasse, Massey (2002) a également décrit la formation d'un système plus rigide lorsque l'aération a été réalisée par un procédé mécanique de foisonnement.

Thakur et al., (2005) ont montré que la texture d'un produit foisonné dépend surtout de la façon dont les bulles s'intègrent dans la microstructure de la phase continue et de leur aptitude à former des réseaux entre elles et à favoriser la formation de réseaux dans la phase continue. De même Smith et al., (2000) ont analysé l'influence de la microstructure des crèmes glacées sur la texture.Ils ont observé que les modules élastiques (G'') et visqueux (G') ont tous les deux diminué et que la mousse présentait une structure poreuse due à l'augmentation de la taille des bulles durant la période de stockage. Windhab (2003) a conclu à une forte corrélation entre la microstructure et la rhéologie; par la suite, ce sont ces deux familles de critères qui gouverneront les qualités finales des produits foisonnés.

Etant donné que l'une des principales raisons d'incorporer des bulles d'air dans les aliments est de leur conférer des caractéristiques texturales particulières, la caractérisation rhéologique de la dispersion est une étape absolument essentielle pour estimer la qualité du produit.Par exemple, l'augmentation de la viscosité de la phase continue peut être défavorable à l'incorporation d'air en ralentissant la diffusion du surfactant à l'interface ; toutefois , elle favorise la stabilité de la dispersion gaz/liquide déjà formée, en retardant ainsi le drainage du luiqide (Halling, 1981 ; Lau et Dickinson, 2004).

I. 10. La date limite de consommation

I .10.1.Stabilité dans le temps du produit fini

Les défauts du cake industriel : prévenir l'apparition de certains défauts dans des produits céréaliers, c'est une façon de prolonger la durée de vie de ces produits.

La durée de vie d'un produit peut être définie par la période pendant laquelle il ne présente aucun signe de détérioration sensorielle et demeure sain dans des conditions de stockage normales. Les détériorations peuvent être de plusieurs ordres :

Sensorielles : perte de gout, apparition de gouts étrangers, changement de la couleur, perte de « moelleux », de « croustillant ».

Microbiologiques : moisissures essentiellement

Nutritionnelles : le non-maintien des éléments nutritionnels déclarés.

La durée de vie des produits céréaliers va dépendre de plusieurs facteurs :

- La formulation
- Le pétrissage/battage
- La cuisson
- L'emballage
- Les conditions du stockage

Ces facteurs ont tous une influence significative et il convient donc de n'en négliger aucun.

I . 10. 2. Méthode du vieillssement accéléré

Le vielillissement accéléré consiste à placer un aliment dans des conditions telles que son villissement est accéléré par rapport à un vieillissement en conditions ambiantes .L'intérêt est d'observer l'évolution au cours du temps pour estimer une date limite d'utilisation optimale sans attendre la durée réelle propsée.Par exemple :mimer un an de vieillissement en quatre mois.

La méthode consiste à mettre un aliment conditionné dans une enceinte à une température supérieure à sa température habituelle de stockage,entre 27°C et 32°C.L'augmentation de la températaure va entraîner une augmentation des différentes réactions conduisant au vieillissement du produit.

Les principaux phénomènes associés au vieillissement d'un produit conditionné en emballage plastique :

- ✓ **L'oxydation** : l'oxygène présent dans l'emballage réagit avec les composants alimentaires sensibles à l'oxydation.Sans risques pour la santé,ces oxydations vont aboutir à une modification du gout de l'aliment par exemple l'oxydation des lipides donne un gout de rance au produit.
- ✓ **L'hydratation** : la vapeur d'eau préssente dans l'emballage va imprégner le produit et conduire à des modifications sensorielles comme la texture. A l'inverse un aliment peut perdre de l'eau ,sécher et durcir
- ✓ **Les réactions enzymatiques** : les enzymes présentes naturellement dans le produit peuvent réagir et entraîner des modifications du goût, de la couleur, et de la texture.
- ✓ **Autres modifications** : des modifications physiques peuvent également entraîner une modification de la texture par exemple le déphasage d'un produit émulsionné.
- ✓ **L'emballage** : l'emballage lui-même pourrait théoriquement évoluer et présenter une évolution de des caractéristiques dans le temps ; on considère toutefois que les emballages courants sont généralement surstabilisés.Si cette stabilisation est associée à la présence de molécules migrant partiellement dans les aliments au contact,elle permet aumoins d'assurer des performances constantes pour des durées d'utilisationn courantes,inférieures à 24 mois.

I. 10. 3. Le vieillissement accéléré par augmentation de la température
Principe général : la loi d'Arrhénius

Le vieillissement accéléré par augmentation de la température est basé sur le principe d'Arrhénius selon :

Le constante de la vitesse d'oxydation K:

$$K = A \times \exp^{\frac{-Ea}{RT}} \quad (10)$$

Ea : énergie d'activation de la vitesse d'oxydation apparente

R : constante des gazs parfaits

T : la température

Ainsi, toute réaction chimique est accélérée par la température. Le vieillissement des produits étant basé dans le cas étudié sur des réactions chimiques d'oxydation, ces réactions vont aussi être accélérées. Connaissant l'énergie d'activation, il est possible de simuler un phénomène se déroulant à température ambiante à partir d'un test à température plus élevée, sur un temps plus court.

L'avantage de cette technique de vieillissement est que toutes les réactions vont être accélérées, qu'elles soient oxydatives ou enzymatiques par exemple, la diffusion de l'oxygène dans l'emballage et dans l'aliment va aussi être accélérée par la température mais elle a un inconvénient c'est que toutes les réactions vont être accélérées d'une façon à provoquer des phénomènes biochimiques qui ne peuvent pas parvenir dans les conditions normales donc l'estimation va être plus ou moins fiable.

II. Matériels et méthodes

II. 1. Problématique et objectifs

L'industriel vise toujours à améliorer sa gamme de produits dans le but de répondre aux exigences du consommateur qui désire consommer un produit sain, qui répond aux normes de la sécurité alimentaire, et qui conserves ses qualités organoleptiques tout au long de sa durée de vie déjà estimée. Dans ce cadre une étude sur un produit pâtissier du type cake dit « muffins » a été proposé afin de faire une étude rhéologique sur ce produit et dans le but d'améliorer sa qualité tout en changeant certains paramètres de fabrication et pour voir l'incidence de ce changement sur la date limite de consommation du produit étant donné que la DLC est un paramètre important pour l'industriel puisqu'il contrôle la commercialisation des produits.

Les produits pâtissiers en général sont des produits à formulation complexe, ils sont appréciés par leur texture moelleuse et leur aspect spongieux, alors que ces caractéristiques organoleptiques ne sont pas stables dans le temps. En effet un produit pâtissier à humidité intermédiaire tel que le « cake » n'a pas les mêmes propriétés en le suivant à partir de sa production jusqu'à sa date limite de consommation et ceci revient à certaines réactions biochimiques et enzymatiques qui se produisent dans le produit et qui sont causés par certains paramètres. Dans ce cadre une étude a été menée afin d'étudier l'effet de certains paramètres de fabrication sur les paramètres ayant une incidence directe sur la stabilité du produit fini. Cette étude a été basée sur un plan d'expérience proposé par le logiciel « Design Expert Software » (Statsoft Inc.,Etats-Unis) du type « Box behenken » qui prend trois facteurs à trois niveaux qui sont : la vitesse du battage de la phase d'ajout des ingrédients secs, la durée du battage de la deuxième phase et la concentration en lactosérum et qui étudie la densité, le pH, la couleur la thixotropie et l'élasticité de la pâte crue ; pour le produit fini « muffins » le travail a pour but de voir l'effet des facteurs choisis sur son activité de l'eau, son humidité relative (sa teneur en eau), sa couleur, son volume spécifique et sa texture.

Le plan d'expérience a pour but de dégager l'expérience optimale qui combine les réponses aboutissant à un produit plus stable.

II. 2. Présentation du produit

Le produit étudié est un cake industriel à humidité intermédiaire et riche en glucides fabriqué au sein de la Société pâtisserie «**Chahrazed**». Il s'agit d'un muffin nature sans injection arômatisé (vanille).

Le « muffins » est composé principalement de la farine du blé tendre, de la matière sucrante (saccharose, sirop de glucose), de la matière grasse (huile de soja), des œufs (frais, substitut d'œufs), et de l'eau. Des additifs alimentaires tels que le sorbate de potassium, l'acide citrique, et les arômes sont ajoutés. Le produit est conditionné dans un emballage opaque et thermo-scellé de type polypropylène transparent.

II. 3. Les conditions opérationnelles

Les essais du plan d'expérience ont été effectués à l'échelle laboratoire moyennant un fouet électrique « Moulinex » à trois niveaux de vitesse et un bol en plastique apte au contact alimentaire remplaçant le batteur « Tonelli » utilisé dans l'industrie. La pâte est pesée par une balance de précision puis versée dans des moules en papier de cuisson. La cuisson est effectuée dans un four rotatif suivant un barème temps, température bien choisi.

II. 3. 1. Diagramme de fabrication

Les essais réalisés diffèrent par la vitesse et la durée de battage de la deuxième phase qu'au cours de laquelle les ingrédients secs sont ajoutés, et par la concentration en lactosérum. Les différences notées sont donc au niveau de l'étape pesage et au niveau de l'étape battage.

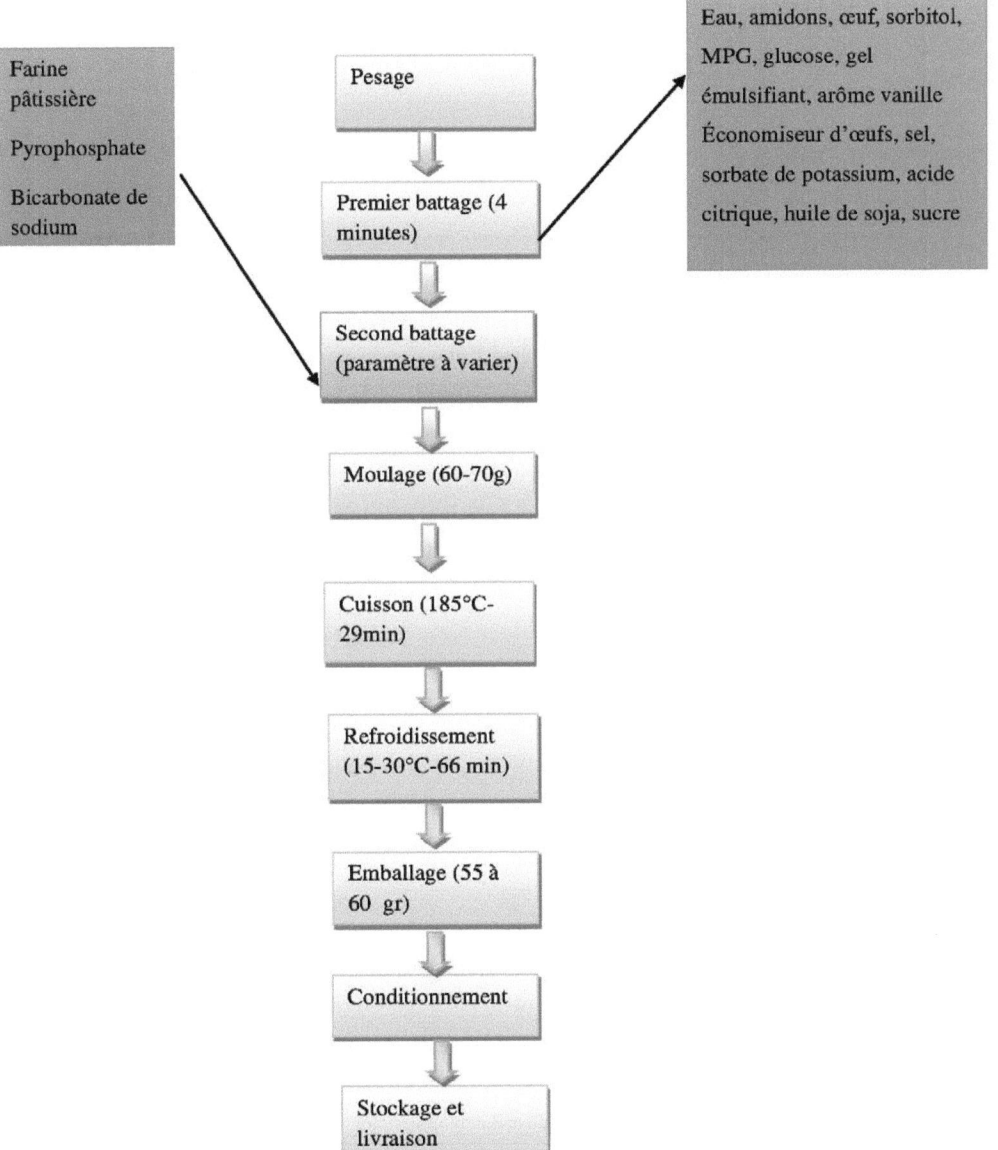

Figure 7. Diagramme de fabrication du cake industriel

- **Le Pesage :**

Tous les ingrédients sont préparés à l'avance dans la salle de pesée moyennant une balance de précision.

- **Le Battage :**

Le battage c'est l'étape primordiale qu'au cours de laquelle se produit le mélange entre les différents ingrédients pour aboutir à une pâte homogène prête à la cuisson. Il s'agit d'un premier battage qui consiste à mélanger les ingrédients liquides(Eau ,œuf, sorbitol , MPG , glucose , gel émulsifiant , arome vanille, économiseur d'œuf , sel, sorbate de potassium l'acide citrique, l' huile de soja et le sucre), et le deuxième battage se produit suite à l'introduction des ingrédients secs (la farine, l'amidon, le pyrophosphate et le bicarbonate) ; ce dernier vise essentiellement à incorporer le maximum de gaz dans la pâte.

Au sein de la pâtisserie « Chahrazed » le battage se fait par un mélangeur de type « Tonnelli » de capacité 140 litres équipé d'un fouet et d'un racleur et le mélange se fait dans une cuve en acier inoxydable. Pour les préparations effectuées à l'échelle laboratoire sont effectués par un fouet électrique « Moulinex » à trois niveaux de vitesse et un bol en plastique alimentaire.

Figure 8. Système de mélange industriel : Tonelli

Figure 9. Système de mélange pour essai : Moulinex

- **Le moulage :**

Après malaxage, la pâte est versée dans la machine doseuse. Les paramètres de la doseuse sont réglés pour avoir un débit constant et par conséquent un poids avant cuisson stable. Le moulage est donc assuré par un doseur réglable.

- **La cuisson (185°C, 29 min) :**

Elle permet de faire passer le produit de l'état mousseux à l'état spongieux. La cuisson est réalisée au sein d'un four rotatif suivant un couple (temps, température) spécifique au produit « muffins »

Figure 10. Four rotatif « POLIN »

- **Le refroidissement :**

Après cuisson, les muffins sont reposés en contact direct avec l'atmosphère ambiante jusqu'à une température appropriée de conditionnement (T<30°C). Le refroidissement se fait dans une tunnelle de refroidissement.

- **L'emballage :**

Pour préserver la qualité des cakes, l'emballage se fait en continu grâce à des empaqueteuses par thermoscellage.

II. 4. Le plan d'expérience

II. 4. 1. Généralités

En statistiques, la méthode des surfaces de réponses (MSR) a pour but d'explorer les relations entre les variables dépendantes et indépendantes impliquées dans une expérience. Elle est due aux travaux de 1951 de George Box et K.B. Wilson. L'idée principale de leur méthode est l'utilisation d'une séquence d'expériences. Box et Wilson suggèrent d'utiliser un modèle à polynôme de second degré, mais concèdent que ce modèle n'est qu'une approximation.

Cette procédure appliquant la méthodologie des surfaces de réponses (MSR) consiste à accomplir les étapes suivantes :

- Postuler un modèle mathématique polynomial du second degré pour traduire la relation de cause à effet entre la réponse et les facteurs étudiés.

  Le modèle postulé dans le cadre de cette étude s'écrit sous la forme suivante :

$$Y = \beta_0 + \beta_1 x_1 + \beta_2 x_2 + \beta_3 x_3 + \beta_{12} x_{12} + \beta_{13} x_{13} + \beta_{23} x_{23} + \beta_{11} x_1^2 + \beta_{22} x_2^2 + \beta_{33} x_3^2$$

Où

Y: fonction de réponse théorique.

x_j : variables dépendants du système.

β_0, β_j, β_{ij} et, β_{jj} : coefficients vrais du modèle.

La réponse mesurée à la $i^{ème}$ expérience est : $y_i = {}_i + \varepsilon_t$

Avec ε_t : l'écart ou résidu. Ce terme intègre à la fois l'erreur d'ajustement Δ (écart systématique entre le modèle réel et le modèle choisi à priori et l'erreur expérimentale pure σ_y.

- Choisir une matrice d'expériences dont la réalisation permet d'estimer les coefficients du modèle.

    Dans ce travail, nous avons choisi d'utiliser une matrice d'expériences désignée par matrice de Box-Behnken. Pour trois facteurs, la matrice proposée par le logiciel Design-Expert est présentée sous la forme d'un tableau ou matrice d'expérience.

- Réaliser les expériences et mesurer les réponses
- Estimer les coefficients du modèle par la méthode des moindres carrés. Les valeurs estimées des coefficients sont représentées par les symboles β_0, β_1, … et β_3^2. Les valeurs calculées et mesurées des réponses à l'expérience i sont désignées par $\hat{y}_i$ et y_i respectivement. La valeur moyenne des réponses est désignée par $\bar{y}$.
- Evaluer la qualité des modèles postulés : Pour savoir si le modèle obtenu résume bien les résultats des essais du plan d'expériences on effectue une analyse de la variance. Pour ce faire, la valeur du rapport de la variance due à la régression ($\sum(\hat{y}_i - \bar{y})^2 / \nu_{regression}$) sur la variance résiduelle ($\sigma_R^2 = \sum(y_i - \hat{y}_i)^2 / \nu_R$) est comparée à la valeur critique de Fisher au niveau de confiance 95%. Le modèle n'est retenu qu'après validation qui consiste à montrer par une analyse de la variance que l'erreur d'ajustement est inférieure ou du même ordre de grandeur que l'erreur expérimentale. Dans la pratique, la valeur du rapport F_{exp} de la variance d'ajustement (SS_A / ν_A) sur la variance expérimentale (SS_E / ν_E) est comparée à la valeur critique de Fisher $F_{0,05}$ (ν_A, ν_E). Le modèle n'est retenu que si la valeur de Fexp est inférieure à la valeur critique de Fisher.

La validation du modèle peut être confirmée par une analyse des résultats obtenus aux points tests (expériences situées dans le domaine d'étude mais qui n'ont pas servi au calcul des coefficients). Il s'agit de comparer les valeurs obtenues à celles calculées à partir du modèle. Ce dernier est validé si la différence entre les deux valeurs (y_i et $\hat{y}_i$) n'est pas statistiquement significative. Plus exactement, on doit démontrer pour chaque point test (au moyen du test de Student) que la différence (y_i - $\hat{y}_i$) est du même ordre de grandeur que son écart type. Le modèle est validé si le rapport $t_{exp.}$ est inférieur à la valeur critique de Student (au niveau de confiance 95% pour dl degrés de liberté).

II. 4. 2. Le plan d'expérience adopté
Un plan « Box-Behenken » a été choisi avec 3 points factoriels (-1, 0, 1), donnant 17 expériences. Ce plan a été utilisé afin d'obtenir un modèle polynomial de second ordre qui décrit la densité de la pâte, la couleur, la consistance, l'humidité du Muffins, l'activité de l'eau, du Muffins, le volume spécifique et la couleur du Muffins (variables dépendantes) en fonction de trois variables indépendantes, qui sont la concentration du lactosérum dans la pâte, la vitesse du mélange et la durée du mélange.

II. 4. 3. Les facteurs étudiés

II. 4. 3. 1. La concentration en lactosérum
Karleskind, Laye, Mei, et Morr, 1995 ont suggéré que le calcium, les protéines solubles et les lipides contenus dans le lactosérum prétraité et microfiltré pourraient remplacer relativement les protéines du blanc d'œuf dans les formulations du cake grâce à ses propriétés de gélification par le chauffage et son pouvoir moussant.

Arunepanlop, Morr, Karleskind, et Laye (1996) ont étudié l'effet du remplacement de 25% et 50% de blanc d'œuf liquide avec une solution de lactosérum dans la formulation du cake.

II. 4. 3. 2. La vitesse du battage (battage ou homogénéisation)
La vitesse du mélange a été étudiée par Van Aken (2001) dans le but de démontrer le rôle de la vitesse du mélange dans la formation des mousses alimentaires. Cette étude avait pour résultat que plus la vitesse du battage est élevée plus la mousse est formé rapidement et a une viscosité plus élevée. Dans ce cadre la vitesse du battage a été choisie comme un des facteurs supposés ayant une influence sur les caractéristiques rhéologiques de la pâte et sur les caractéristiques physicochimiques du Muffins.

II. 4. 3. 3. La durée du mélange (battage ou homogénéisation)
Chin et al, 2010 ont mené une étude portant sur l'effet de la puissance ultrasonore utilisée pour le mélange au cours de différentes durées : de 3, 6 et 9 dernières minutes du mélange.

Tableau 5. Les variables indépendantes et leurs niveaux

Variables indépendantes	symboles		Niveaux des facteurs codés		
	codées	Non codées	-1	0	1
Concentration en lactosérum (%)	x_1	X_1	0	3,75	7,50
Vitesse du battage (niveau de vitesse spécifique à l'appareillage)	x_2	X_2	1	2	3
Durée du battage (min)	x_3	X_3	2	4	6

II. 4. 4. La Matrice du plan d'expérience
Tableau 6. Matrice d'expérience

Concentration du lactosérum (% dans la pâte)	Vitesse du second battage (unité spécifique à l'appareillage)	durée du second battage (min)
-1,00	-1,00	0,00
-1,00	0,00	-1,00
0,00	0,00	0,00
-1.00	0,00	1,00
0,00	-1,00	1,00
0,00	0,00	0,00
0,00	-1,00	-1,00
1,00	-1,00	0,00
0,00	0,00	0,00
0,00	1,00	-1,00
1,00	0,00	-1,00
-1,00	1,00	0,00
1,00	1,00	0,00
0,00	0,00	0,00
0,00	0,00	0,00
1,00	0,00	1,00
0,00	1,00	1,00

Toutes les expériences ont été effectuées dans un ordre aléatoire et les données ont été analysées à l'aide du logiciel Design Expert Software. Toutes les réponses sont modélisées par un modèle polynomial de second ordre de la forme suivante :

$$Y= \beta_0+ \sum_{i=1}^{3} \beta i \; x_i + \sum_{i=1}^{3} \beta ii \; x_i^2 + \sum_{i=1}^{3} \sum_{i<j=1}^{3} \beta ij \; x_i \; x_j$$

Ou β_0 β_i β_{ij} (i≠j) sont les constants de coefficients de régression du modèle, tandis que x_i, x_j et Y sont respectivement les variables indépendantes et dépendantes. Les analyses des données sont effectuées à l'aide du logiciel « Expert Design Software ». Des analyses de variance ont été effectuées par la procédure ANOVA .les valeurs moyennes ont été considérées comme significativement différentes à $p<0,05$.

II.5. Mesures rhéologiques

Les mesures rhéologiques sont effectuées par un rhéomètre à une température de 20°C. Cette mesure se fait selon le principe d'un viscosimètre rotatif à cylindres coaxiaux de marque « Rheomat RM-180, Germany » est utilisé pour déterminer la viscosité η.

L'échantillon à tester est placé entre deux cylindres coaxiaux. Le cylindre extérieur (rayon R2) est en général fixe tandis que le cylindre intérieur (rayon R1) est animé d'un mouvement de rotation qui peut être à vitesse de rotation constante imposée. Le couple choisi est formé de deux cylindres de géométrie 2-2. Le cylindre qui est à l'extérieur est rempli par l'échantillon de la pâte jusqu'au trait. Les deux cylindres sont ensuite fixés à l'appareil dans une cuve qui assure la fonction d'un bain marie qui fixe la température à 20°C.

La mise en marche de l'appareil vise à faire augmenter la vitesse de cisaillement en allant de 10 à 1000 s^{-1} au cours de la première phase et inversement pendant la deuxième phase.

L'appareil est lié à un ordinateur qui affiche les résultats de l'analyse (temps, vitesse de cisaillement, viscosité et contrainte de cisaillement) sur la fenêtre du logiciel « orchestrator » sous forme d'un tableau à la fin de l'analyse. Les résultats affichés permettent e déterminer plusieurs caractéristiques rhéologiques du produit tel que : la viscosité (η) ; le coefficient de consistance (K), et l'aire du boucle hystérésis.

Pour expliquer le comportement rhéologique de la pâte du « muffins » on trace la courbe d'écoulement :

$$\mu = K\dot{\gamma}^{n-1} \quad (2)$$

Avec

$\dot{\gamma}$: vitesse de déformation (définie comme la déformation par unité de temps), en s^{-1}

K : l'indice de consistance (Pa.s)

μ : la viscosité de la pâte (Pa)

n : l'indice d'écoulement

Afin de déterminer la consistance de la pâte pour chaque essai on trace

$$\log \mu = \log K + (n - 1) \log \dot{\gamma} \quad \textbf{(3)}$$

La courbe est une droite dont la pente est égale à n-1 ; puisque l'équation du graphe est affichée sur la courbe ainsi que le coefficient de détermination R^2 on détermine l'indice d'écoulement tel que n= pente +1

La fonction est étant affine log(K) est l'ordonné à l'origine

Donc K= $10^{\text{ordonné à l'origine}}$

Et la viscosité est calculée ainsi

$$\mu = K \times \dot{\gamma}^{n-1} \quad \textbf{(4)}$$

Avec $\dot{\gamma}$: la vitesse de cisaillement =50 s^{-1}

On a aussi recours à tracer la courbe de la viscosité infinie :

$$\sigma = f(\log t) \quad \textbf{(5)}$$

Avec

$$\sigma = \mu \times \dot{\gamma} \quad \textbf{(6)}$$

Le graphe tracé est une droite de la forme :

$$\sigma = A - B \log t \quad \textbf{(7)}$$

On détermine A et B pour chaque échantillon, qui sont des paramètres rhéologiques interprétables ainsi que le coefficient de détermination R^2.

Si B >0 alors le fluide est anti-thixotropique et le produit est stable.

Si B<0 alors le fluide est alors thixotropique et le produit est instable.

II. 6. Mesure de la densité
Pour chaque échantillon la densité a été mesurée de la manière suivante :

- ✓ On Prend un récipient vide et le peser : on note m_0 la masse du récipient vide.
- ✓ Ensuite on Remplit le même récipient avec la pâte et peser le tout : on note m_1 (g) la masse du récipient contenant l'échantillon.

✓ Enfin on Pèse ce même récipient rempli d'eau et on note m₂ (g) sa masse.

➤ On note d la densité de la pâte :

$$d = \frac{m1 - m0}{m2 - m0} \quad (7)$$

II. 7. Mesure du pH
Le pH mesure la concentration d'une solution aqueuse en protons (H+) et le degré d'acidité ou de basicité d'une solution. Le pH se calcule selon la formule :

$$pH = -\log[H+] \quad (8)$$

Où [H+] est la concentration en ions (H+) exprimée en moles par litre (http://www.actu-environnement.com).

Pour chaque préparation le pH est mesuré à l'aide d'un pH-mètre. La sonde est introduite dans l'échantillon et la valeur du pH s'affiche sur l'écran de l'appareil.

II. 8. Mesure des paramètres de la couleur
La mesure de la couleur est standardisée par la commission internationale de l'éclairage (CIE). La mesure est faite suivant un principe simple. Le système CIE Lab consiste en un repère cartésien tridimensionnel (L^*, a^*, b^*). Il est composé de trois axes :

- L'axe des abscisses décrit l'évolution de la teinte du vert (-a^*) au rouge (+a^*).

  $a^* \in$ [-60, +60].

- L'axe des ordonnées décrit l'évolution de la teinte du bleu (-b^*) au jaune (+b^*).
  $b^* \in$ [-60, +60].

- L'axe des cotes représente la clarté : de la valeur 0 de L^* (noir) à la valeur 100 (blanc).
  $L^* \in$ [0,100].

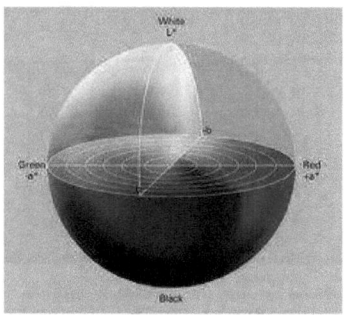

Figure 11. Le modèle Cie Lab

II. 9. Mesure de l'humidité

L'humidité est une grandeur physique qui indique la présence d'eau dans une substance ou dans une denrée alimentaire. Elle est mesurée par étuvage jusqu'au poids constant et on procède à la différence de masse pour déterminer la teneur en eau ou bien elle est mesurée à travers un dessiccateur. Pour chaque échantillon de cake l'humidité est mesurée par un humidimètre électronique du type Scaltec à 102°C. Un morceau de cake est broyé par un mortier jusqu'à l'obtention d'un mélange homogène, on pèse 2g de cake et on l'introduit la masse dans le dessiccateur.

La valeur de l'humidité sera affichée sur l'écran à la fin de l'analyse en pourcentage de la masse du produit.

II. 10. Mesure de l'activité de l'eau (NT.16.71, 2009)

Il s'agit de la mesure de la disponibilité de l'eau dans un produit alimentaire, elle différencie l'eau libre et l'eau liée. L'activité de l'eau (a_w) est mesurée par un appareil dit activimètre de type « novasina » permettant d'afficher automatiquement la valeur de l'activité de l'eau. L'appareil de mesure réunit la combinaison d'une cellule électrolytique résistive intégrée dans le capteur d'activité de l'eau. L'appareil est en premier lieu calibré à l'aide d'une solution dont l'activité de l'eau est connue. Puis, on place dans l'enceinte de mesure, qui doit être fermée hermétiquement, la cellule contenant l'échantillon à analyser. Le signal de mesure est associé à la mesure de la température par Infra Rouge (IR). La valeur de l'activité de l'eau s'affiche automatiquement sur l'écran de l'appareil.

II. 11. Mesure du volume spécifique

La mesure du volume spécifique c'est la mesure du volume du cake occupé par 1g de cake après la cuisson. Le volume spécifique est la réciproque de la densité (Bennion et *al.*, 1977).

La mesure est réalisée par l'estimation de la différence de niveau moyennant une éprouvette. On procède comme suit :

- On remplit une éprouvette avec un certain volume et on note V_0
- On introduit une masse de 1g d'échantillon et on note le deuxième volume V_1
- On calcule :

$$V = V1 - V0 \quad (9)$$

$$V \text{ spécifique} = \frac{V}{m} \left(\frac{cm^3}{g}\right) (10)$$

III. Résultats et discussions

III. 1. Effet des différents facteurs étudiés sur la densité de la pâte

Tableau 7. Densité de la pâte des différents échantillons

N° de l'expérience	Variables codées			Variables non codées			Densité	
	x_1	x_2	x_3	X1	X2	X3	expérimentale	calculée
1	-1,00	-1,00	0,00	0	1	4	0,98	0,99
2	-1,00	0,00	-1,00	0	2	2	0,93	0,92
3	0,00	0,00	0,00	3,75	2	4	0,90	0,90
4	-1,00	0,00	1,00	0	2	6	0,96	0,96
5	0,00	-1,00	1,00	3,75	1	6	0,98	0,96
6	0,00	0,00	0,00	3,75	2	4	0,90	0,90
7	0,00	-1,00	-1,00	3,75	1	2	0,91	0,90
8	1,00	-1,00	0,00	7,5	1	4	0,92	0,93
9	0,00	0,00	0,00	3,75	2	4	0,90	0,90
10	0,00	1,00	-1,00	3,75	3	2	0,82	0,83
11	1,00	0,00	-1,00	7,5	2	2	0,86	0,85
12	-1,00	1,00	0,00	0	3	4	0,91	0,89
13	1,00	1,00	0,00	7,5	3	4	0,94	0,92
14	0,00	0,00	0,00	3,75	2	4	0,90	0,90
15	0,00	0,00	0,00	3,75	2	4	0,90	0,90
16	1,00	0,00	1,00	7,5	2	6	1	1
17	0,00	1,00	1,00	3,75	3	6	0,93	0,94

X1 : le taux d'incorporation du lactosérum dans la pâte

X2 : la vitesse du battage (niveau de vitesse de l'appareil)

X3 : la durée du battage (en minutes)

La densité la plus basse est de 0,82 enregistrée pour l'échantillon n°10 dont le taux d'incorporation du lactosérum est de 3,75% (correspondant au niveau moyen de ce facteur), mélangé à la vitesse maximale de l'appareil de battage et pour une durée la plus basse qui correspond à 2 minutes.

Pour la densité la plus élevée et la plus optimale pour l'industriel, est égale à 1 qui correspond à l'échantillon n°16, ayant un taux d'incorporation de lactosérum de 7,50% (correspondant au niveau le plus haut de ce facteur) ; une vitesse de mélange moyenne et pour une durée de 6 minutes (correspondant au niveau haut de ce facteur).

La densité est une indication de la quantité d'air incorporée dans la pâte. A 6 min de temps de mélange, la densité de la pâte atteint le plus haut niveau pour tous les niveaux de vitesse selon (Allais et *al.*, 2006), ce qui tombe avec la valeur trouvée pour ce plan d'expérience.

La densité de la pâte est présentée par un modèle polynomial de second ordre avec un coefficient de régression R^2 de 0,9675. Le modèle obtenu est :

$$\text{Densité} = 0{,}90 - 0{,}0075\, x_1 - 0{,}024\, x_2 + 0{,}044\, x_3 + 0{,}022\, x_{12} + 0{,}028\, x_{13} + 0{,}01\, x_{23} + 0{,}032\, x_1^2 + 0{,}005\, x_2^2 + 0{,}005\, x_3^2$$

Pour déterminer la condition optimale (la densité de la pâte), on a utilisé un test d'ANOVA en vue de déterminer les constantes de de coefficients de régression. Les analyses statistiques sont présentées dans le tableau.

La condition optimale, pour la densité, est optimisée moyennant des combinaisons de différentes variables, selon la conception de Box-Behenken.

Les coefficients de régression à savoir l'interception, linéaires, quadratiques et les termes d'interactions du modèle, sont calculés en utilisant la méthode des moindres carrés et sont présenté dans le tableau

Le coefficient de détermination R^2 est égal à 0,967 ce qui montre que seulement 3,30% des variations totales n'ont pas été traités et expliqués par ce modèle.

Le coefficient de détermination ajusté (R^2 adj) est égal à 0,925 a aussi confirmé que le modèle est significatif ($p<0{,}05$).

De plus la covariance a une valeur faible égale à 1,31% prouve que qu'il s'agit d'un très haut degré de précision et des valeurs expérimentales très fiables.

D'après l'analyse de de variance ANOVA, la vitesse du battage présente le facteur le plus significatif sur la densité de la pâte (p<0,05)

Pour mieux interpréter les résultats, des courbes d'isoréponses et des surfaces de réponses de la densité de la pâte ont été établies pour les trois facteurs étudiés.

Ces courbes vont nous permettre de déterminer les conditions idéales pour obtenir la densité maximale.

III. 1. 1. Etude de l'effet de la concentration en lactosérum et la vitesse du battage sur la densité de la pâte

L'effet de la concentration el lactosérum et la vitesse du mélange ou du battage sur la densité de la pâte est illustré dans la figure suivante :

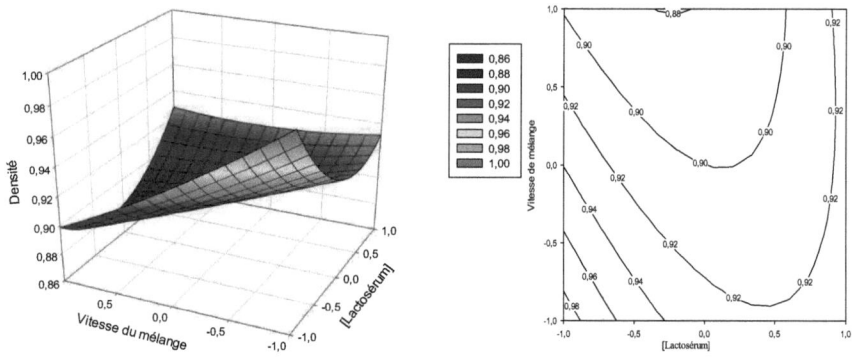

Figure 12. Courbe 3-D et isoréponse indiquant l'effet de la concentration en lactosérum et la vitesse du mélange sur la densité

Une diminution de la concentration en lactosérum entraine une élévation de la densité. La courbe 3-D montre qu'une diminution de la vitesse de battage augmente la densité de la pâte.

La courbe d'isorépnse montre que l'interaction entre le facteur : concentration en lactosérum et la vitesse de battage sur la densité de la pâte est significatif (p<0,05). Et ceci est confirmé par la forme elliptique présente sur la courbe isoréponse.

III. 1. 2. Etude de l'effet de la concentration en lactosérum et la durée du battage sur la densité de la pâte

Une augmentation de la concentration en lactosérum entraine une augmentation de la densité.

La courbe 3-D montre également que la valeur maximale de la densité est enregistrée pour une augmentation de la durée du mélange de la phase d'incorporation des ingrédients secs.

La courbe isoréponse montre à travers les courbes elliptiques que l'interaction entre la concentration en lactosérum et la durée du battage est significative et ceci est confirmé par le tableau d'analyse de la variance (p<0,05).

L'effet de la concentration el lactosérum et la durée du mélange ou du battage sur la densité de la pâte est illustré dans la figure suivante :

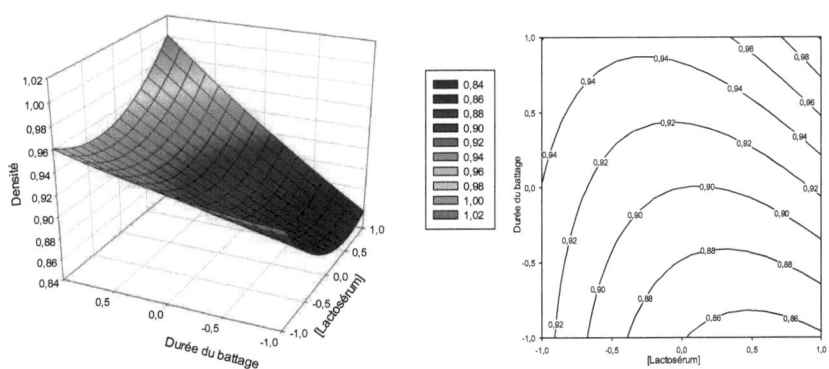

Figure 13. Courbe 3-D et isoréponse indiquant l'effet de la concentration en lactosérum et la durée du mélange sur la densité

III. 1. 3. Etude de l'effet de la vitesse et la durée du battage sur la densité de la pâte

Une densité maximale est obtenue par une durée du battage maximale et une vitesse minimale. Une augmentation de la durée du battage et une diminution de la vitesse donnent une densité maximale égale à 0,98.

La courbe d'isoréponse et montre que l'interaction entre les deux facteurs : vitesse et durée du mélange, sur la densité n'est pas significative (p>0,05) et ceci est montré par la forme circulaire notée sur la courbe isoréponse.

L'effet de la vitesse et la durée du mélange ou du battage sur la densité de la pâte est illustré dans la figure suivante :

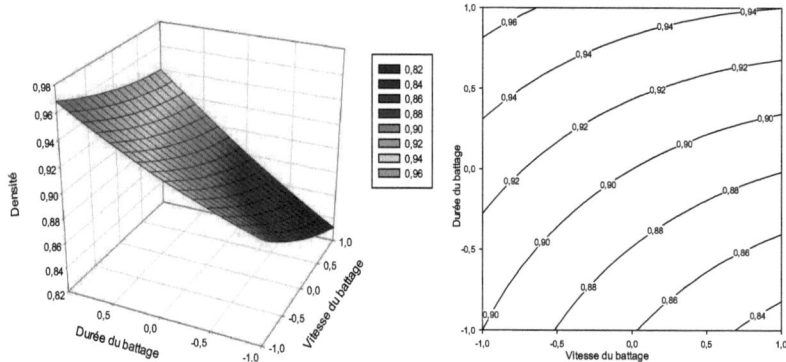

Figure 14 . Courbe 3-D et isoréponse indiquant l'effet de la vitesse et la durée du mélange sur la densité de la pâte

- **Validité du modèle :**

Les conditions optimales pour une densité minimale sont déterminées à partir de l'équation mathématique.

Les conditions optimales sont : un taux d'incorporation de lactosérum égal à 4,38% dans la recette totale soit de 29,2% par rapport au jus d'œuf frais utilisé, une vitesse maximale (niveau 3 de l'appareillage utilisé), et une durée de mélange égale à 2 minutes.

La densité théorique calculée est égale à 0,83.

III. 2. Effet des différents facteurs étudiés sur la couleur de la pâte
Figure 15. Les paramètres de la couleur de la pâte des différents échantillons

N° de l'expérience	Variables codées			Variables non codées			La couleur		
	x_1	x_2	x_3	X_1	X_2	X_3	L^*	a^*	b^*
1	-1,00	-1,00	0,00	0	1	4	57,89	-2,39	18,71
2	-1,00	0,00	-1,00	0	2	2	62,69	-2,36	20,34
3	0,00	0,00	0,00	3,75	2	4	68,64	-4,36	26,58
4	-1,00	0,00	1,00	0	2	6	66,00	-3,18	25,19
5	0,00	-1,00	1,00	3,75	1	6	81,83	-4,35	28,78
6	0,00	0,00	0,00	3,75	2	4	68,64	-4,36	26,58
7	0,00	-1,00	-1,00	3,75	1	2	58,72	-1,81	20,39
8	1,00	-1,00	0,00	7,5	1	4	83,77	-4,53	28,05
9	0,00	0,00	0,00	3,75	2	4	68,64	-4,36	26,58
10	0.00	1,00	-1,00	3,75	3	2	84,90	-4,70	25,84
11	1,00	0,00	-1,00	7,5	2	2	80,66	-4,32	25,97
12	-1,00	1,00	0,00	0	3	4	84,41	-4,57	27,68
13	1,00	1,00	0,00	7,5	3	4	83,30	-4,53	28,32
14	0,00	0,00	0,00	3,75	2	4	68,64	-4,36	26,58
15	0,00	0,00	0,00	3,75	2	4	68,64	-4,36	26,58
16	1,00	0,00	1,00	7,5	2	6	81,56	-4,11	27,91
17	0,00	1,00	1,00	3,75	3	6	81,50	-4,50	27,78

X1 : le taux d'incorporation du lactosérum dans la pâte

X2 : la vitesse du battage (niveau de vitesse de l'appareil)

X3 : la durée du battage (en minutes)

- Toutes les valeurs sont exprimées en valeur moyenne de cinq répétitions.

Le tableau présente l'effet de de la variation les trois facteurs étudiés sur la couleur de la pâte bien précisément l'indice de clarté L^*, l'indice du la couleur jaune b^*, et l'indice de la couleur brune a^*. L'indice L^* donne une idée sur la brillance de la pâte qui a une relation avec la couleur du produit après cuisson ce qui constitue un critère important d'appréciation, l'indice a^* (qui va de [-60, +60] = [vert, rouge]) , Le tableau présente l'effet de de la variation des trois facteurs étudiés sur la couleur de la pâte bien précisément l'indice b* (qui va de [-60, +60] = [bleu, jaune]).

La clarté de la pâte est théoriquement influencée positivement par l'ajout du lactosérum (de couleur jaune).

L'indice de clarté L* mesuré expérimentalement varie entre 57,89 et 84,90 enregistrés respectivement pour les essais 1(niveau bas de concentration en lactosérum et de vitesse du battage et niveau moyen pour la durée du battage) et 10 (valeur moyenne de la concentration en lactosérum ; valeur maximale de la vitesse du battage et valeur minimale pour la durée)

L'indice de luminosité L* est décrit par un modèle polynomial de second ordre avec un coefficient de détermination 0.9705. Le modèle obtenu est :

$$L*(pâte)= 68,64+7,23\ x_1+6,49\ x_2 +3,05\ x_3-6,87\ x_{12}-0,60\ x_{13}-6,50\ x_{23}-+2,47\ x_1^2+6,36\ x_2^2 +1,62\ x_3^2$$

Le test ANOVA a montré que le modèle est significatif ($p<0,05$) ; ceci est aussi confirmé par le coefficient de corrélation R^2 qui est égal à 0,9705, ce coefficient est ajusté de 0,932, La covariance est de 3,362% est une valeur faible qui prouve que ce modèle a un degré de précision important, et les valeurs expérimentales sont fiables. L'analyse de la variance ANOVA met en relief que les termes linéaires β_1, β_2 et β_3 sont significatifs ($p<0,05$) (tableau annexe).

Les termes quadratiques β_2^2 et β_3^2 sont aussi significativement différents ($p<0,05$), Seulement les termes d'interaction β_{12} et β_{23} qui sont significatifs, ($<0,05$).

L'indice a* mesurée varie de -4,70 enregistré pour la préparation n° 10 (moyenne concentration en lactosérum, vitesse maximale et une durée minimale) à -1,81 pour la préparation n°7 (concentration moyenne en lactosérum, vitesse et durée du battage minimales),

L'indice a* est décrit par un modèle polynomial de second ordre avec un coefficient de détermination 0, 949, Le modèle obtenu est :

$$a*(pâte)= -4,36-0,59\ x_1-0,65\ x_2 -0,34\ x_3+0,55\ x_{12}+0,19\ x_{13}+0,69\ x_{23}-+0,32\ x_1^2+0,038\ x_2^2 +0,48\ x_3^2$$

Le tableau d'analyse de la variance ANOVA montre que le modèle réalisé sur l'indice de la couleur a* est significatif (p<0,05),Ceci est confirmé par un coefficient de corrélation de l'ordre de 0,949, un coefficient de corrélation ajusté de 0,884 et un coefficient de variation de 7,54%, Le test ANOVA a également montré que les termes linéaires β_1 et β_2 les termes d'interaction β_{12} β_{23} et le terme quadratique β_3^2 sont significatifs (p<0,05).

L'indice b* mesurée varie de 18,71 à 28,78 enregistrés respectivement pour les essais : n°1 (correspondant à un niveau bas de la concentration en lactosérum et de la vitesse du mélange et un niveau moyen pour la durée du mélange) et n°5 (correspondant à un niveau moyen de concentration en lactosérum, une vitesse de mélange minimale et une durée maximale).

L'indice b* est décrit par un modèle polynomial de second ordre avec un coefficient de détermination 0, 949, Le modèle obtenu est :

$$b*(\text{pâte}) = 25{,}76 + 2{,}29\ x_1 + 1{,}71\ x_2 + 2{,}14\ x_3 - 2{,}18\ x_{12} + 0{,}73\ x_{13} - 1{,}61\ x_{23}$$

Le tableau d'analyse de la variance issu du test ANOVA montre que le modèle réalisé sur l'indice de la couleur b* est significatif et acceptable et ceci est confirmé par un coefficient de détermination de l'ordre de 0,920, Le coefficient de détermination est ajusté de 0, 873, le test ANOVA a également montré que les coefficients de régression : linéaires, quadratiques et d'interactions sont tous significatifs (p<0,05) à l'exception du terme d'interaction β_{13}.

III. 2 .1. Etude de l'effet de la concentration en lactosérum et la vitesse du battage sur la couleur de la pâte

III. 2.1.1. L'indice de couleur L* de la pâte

La courbe 3-D montre que l'indice de luminosité L* de la pâte a un maximum pour un niveau maximum de la concentration en lactosérum et la vitesse du mélange, alors qu'une luminosité minimale de la pâte est obtenue par un niveau faible en lactosérum et la vitesse du mélange la plus basse ceci est expliqué que plus le lactosérum est mélangée à une forte vitesse plus il est dissout dans le mélange et plus sa couleur jaune change en blanche. La courbe 3-D montre également que l'indice L* varie linéairement en fonction des deux variables (la concentration en lactosérum et la vitesse du battage).

L'interaction entre la concentration en lactosérum et la vitesse du mélange est significative ce qui est montré par la courbe du contour qui présente des lignes elliptiques, les résultats statistiques confirment aussi que ces interactions sont significatives. En effet, le tableau d'analyse de la variance ANOVA montre un coefficient de régression<0,05 pour ce terme d'interaction ce qui confirme l'interaction significative entre ces deux variables.

L'effet de la concentration en lactosérum et la vitesse du battage sur l'indice de couleur L* est montré par la figure suivante :

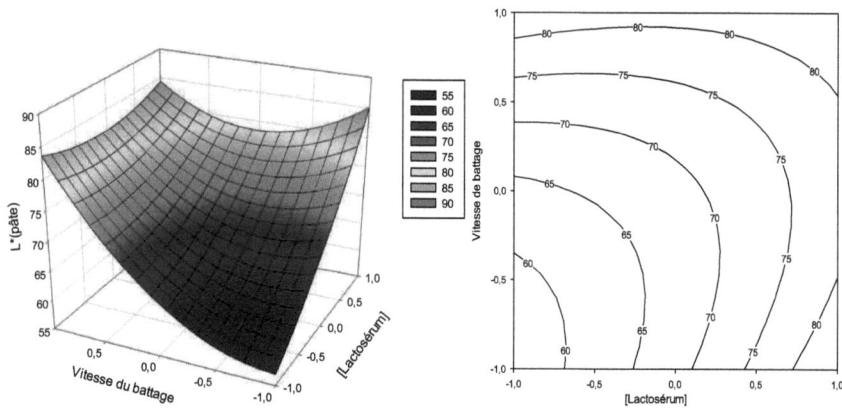

Figure 16. Courbe 3-D et isoréponse indiquant l'effet de la concentration en lactosérum et la vitesse du mélange sur la densité

III .2.1. 2. L'indice de la couleur a* de la pâte
La courbe 3-D montre que l'augmentation de la vitesse du mélange diminue linéairement la valeur de l'indice a*, Une augmentation de la concentration en lactosérum diminue de manière quadratique la valeur de a*.

Suivant le tableau d'analyse de la variance il y a une interaction significative entre les deux facteurs : concentration en lactosérum et vitesse du battage (p<0,05) et cela coïncide avec les formes elliptique du tracé des contours.

L'effet de la concentration en lactosérum et la vitesse du battage sur l'indice de couleur a* est montré par la figure suivante :

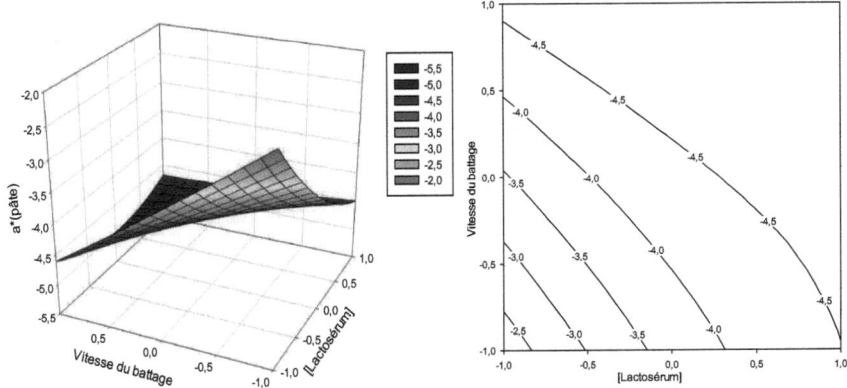

Figure 17. Courbe 3-D et isoréponse indiquant l'effet de la concentration en lactosérum et la vitesse du mélange sur l'indice a* de la pâte

III. 2 .1. 3. L'indice de couleur b* de la pâte

La courbe 3-D montre que l'indice b* augmente linéairement avec l'augmentation de la concentration en lactosérum et la vitesse du mélange, ce qui illustre la contribution du lactosérum à donner à la pâte une coloration jaune. En effet plus la pâte est homogénéisée à une forte vitesse plus le lactosérum se dissout dans le mélange et donne la couleur jaune à la pâte.

Le tracé du contour montre des formes elliptiques ce qui prouve que l'interaction entre ces deux facteurs est significative, et ce même résultat est confirmé par le test ANOVA (p<0,05).

L'effet de la concentration en lactosérum et la vitesse du battage sur l'indice de couleur b* est montré par la figure suivante :

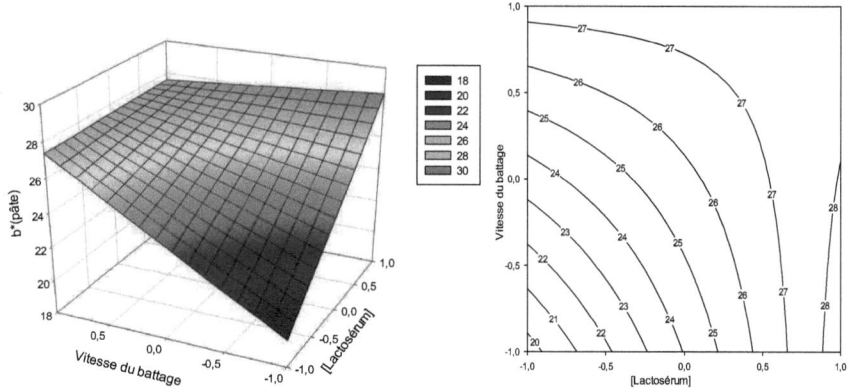

Figure 18. Courbe 3-D et isoréponse indiquant l'effet de la concentration en lactosérum et la vitesse du mélange sur l'indice b* de la pâte

III. 2. 2. Etude de l'effet de la concentration en lactosérum et la durée du battage sur la couleur de la pâte

III. 2. 2. 1. L'indice de couleur L*

La courbe 3-D montre que l'indice L* augmente avec l'augmentation de la concentration en lactosérum et la durée du battage, la courbe montre également que le maximum de cet indice est enregistrée pour une valeur maximale pour ces deux facteurs, l'indice L* varie linéairement avec la variation des deux variables étudiées, ceci prouve que l'ajout du lactosérum augmente la clarté de la pâte. La forme circulaire que montre le tracé des contours montre que l'interaction entre ces deux facteurs n'est pas significative, le test ANOVA prouve aussi ce résultat (p>0,05).

L'effet de la concentration en lactosérum et la durée du battage sur l'indice de couleur L* est montré par la figure suivante :

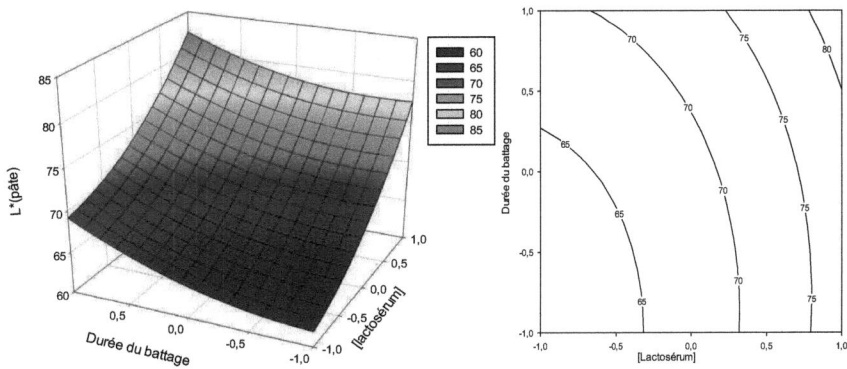

Figure 19. Courbe 3-D et isoréponse indiquant l'effet de la concentration en lactosérum et la durée du mélange sur l'indice L* de la pâte

III. 2. 2. 2.L'indice de couleur a*

La courbe 3-D montre que l'indice a* décroit et augmente pour un certain niveau de la concentration en lactosérum et de la durée du mélange. On peut déterminer visuellement ces deux niveaux pour des valeurs proches du maximum en lactosérum l'indice a* diminue, et à partir d'une durée du mélange moyenne l'indice a* commence à diminuer pour des durées de mélange plus longues. Le tracé des contours présente des zones circulaires ce qui met en exergue que l'interaction entre le facteur : concentration en lactosérum et le facteur : durée du battage est non significative, le test ANOVA prouve ce résultat avec une valeur de p supérieure à 0,05.

L'effet de la concentration en lactosérum et la durée du battage sur l'indice de couleur a* est montré par la figure suivante :

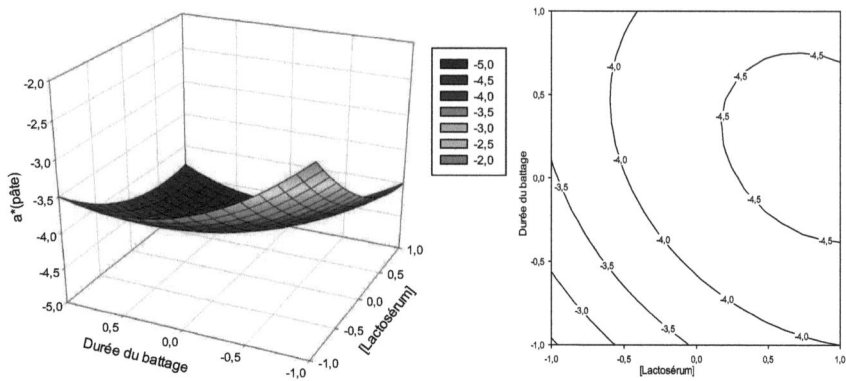

Figure 20. Courbe 3-D et isoréponse indiquant l'effet de la concentration en lactosérum et la durée du mélange sur l'indice a* de la pâte

III. 2. 2. 3. L'indice de couleur b*

La courbe 3-D montre que l'indice b* augmente linéairement avec l'augmentation de la concentration en lactosérum et la durée du mélange, Le tracé des contours montre des courbes circulaires ce qui montre que l'interaction entre ces deux facteurs est négligeable d'ailleurs l'analyse de la variance a présenté un $p > 0,05$.

Ces résultats montrent que l'ajout du lactosérum augmente la coloration jaune de la pâte ce qui est prévu puisque le lactosérum est naturellement jaune.

L'effet de la concentration en lactosérum et la durée du battage sur l'indice de couleur b* est montré par la figure suivante :

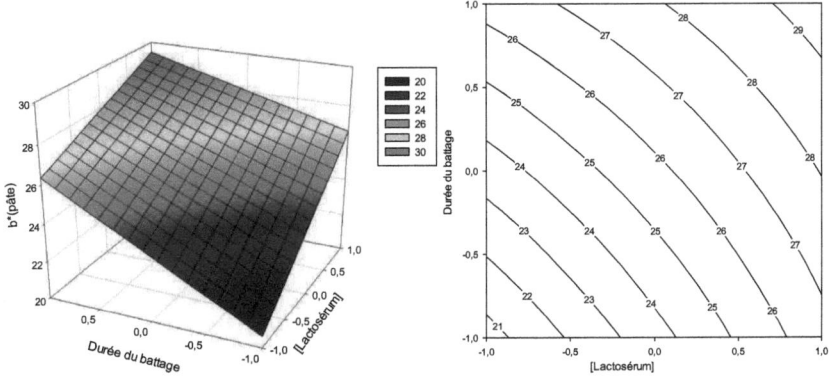

Figure 21. Courbe 3-D et isoréponse indiquant l'effet de la concentration en lactosérum et la durée du mélange sur l'indice b* de la pâte

III. 2. 3. Etude de l'effet de la vitesse et la durée du battage sur la couleur de la pâte

III. 2. 3. 1. L'indice de la couleur L*

L'effet de la vitesse et la durée du battage sur l'indice de couleur L* est montré par la figure suivante :

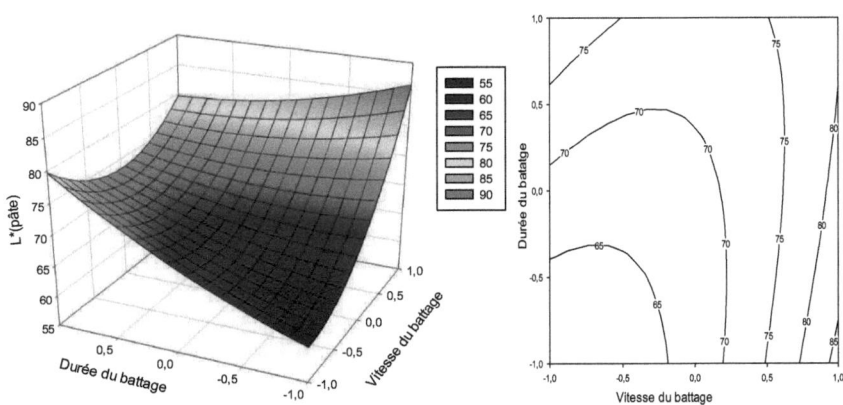

Figure 22. Courbe 3-D et isoréponse indiquant l'effet de la vitesse et la durée du mélange sur l'indice L* de la pâte

55

La courbe 3-D montre que l'indice L* augmente linéairement avec l'augmentation de la vitesse du battage pour atteindre son maximum et une augmentation de la durée augmente également la valeur de l'indice L*, la figure d'isoréponse montre des courbes elliptiques ce qui peut être expliqué par le fait que l'interaction entre la vitesse et la durée du mélange a un effet significatif sur l'indice L* de la pâte et même l'analyse de la variance a confirmé le même résultat par un $p<0,05$.

- **Validité du modèle pour l'indice L* :**

Les conditions optimales utilisées pour un indice L* maximal de la pâte sont déterminées à partir de l'équation mathématique. Les conditions optimales sont une recette sans ajout du lactosérum homogénéisée à une vitesse du 1,49 et une durée de mélange de 2,12 minutes (déterminés par la méthode de dérivé). L'indice L* théorique est calculée à partir des conditions et vaut 53,60.

III. 2. 3. 2. L'indice de la couleur a*

L'effet de la vitesse et la durée du battage sur l'indice de couleur a* est montré par la figure suivante :

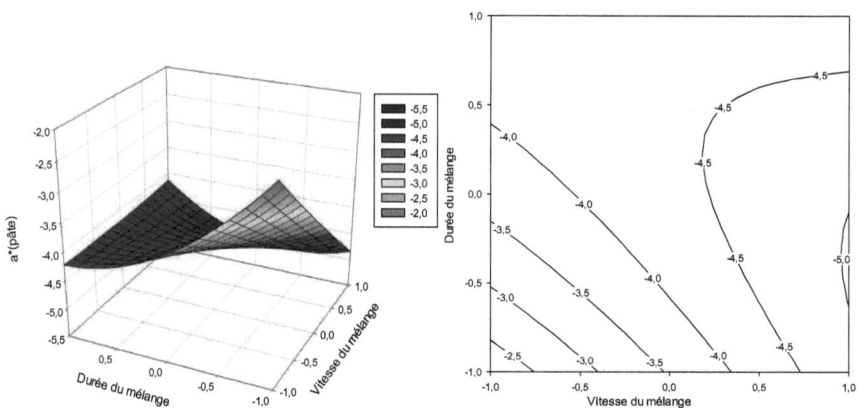

Figure 23. Courbe 3-D et isoréponse indiquant l'effet de la vitesse et la durée du mélange sur l'indice a* de la pâte

La courbe d'isoréponse montre que l'indice a* reste presque constant pour des valeurs de la vitesse et la durée du mélange allant de la valeur minimale à la valeur moyenne pour les deux facteurs.

Des valeurs supérieures à la valeur moyenne de la vitesse du mélange entraînent une diminution de la valeur de l'indice a*,

Le tracé des contours montre des courbes ayant une forme elliptique et le test ANOVA présente une valeur de p <0,05 pour le terme d'interaction β_{13} ce qui montre que cette interaction est significative.

- **Validité du modèle pour l'indice a* :**

Les conditions optimales utilisées pour un indice a* minimal de la pâte parce qu'une couleur brune n'est pas appréciée pour la pâte sont déterminées à partir de l'équation mathématique. Les conditions optimales sont une concentration en lactosérum de 7,19%, une vitesse du mélange au niveau 2,85 et une durée de mélange de 4,70 minutes (déterminés par la méthode de dérivé). L'indice a* théorique est calculée à partir des conditions et vaut – 4,52, cette valeur est significative par rapport à la valeur expérimentale déterminée presque dans les mêmes conditions (-4,53).

III. 2. 3. 3. L'indice de la couleur b*

La courbe 3-D montre que l'indice de couleur b* a un maximum au voisinage du maximum des deux facteurs (la vitesse et la durée du battage). La courbe 3-D montre également que l'indice b* varie linéairement avec la variation des deux variables. Les courbes elliptiques sur le graphe du contour ainsi que le p<0,05 montrent que l'interaction est significative. Ce résultat montre qu'une vitesse et une durée élevées assurent une bonne homogénéisation meilleure ce qui révèle la couleur jaune de la pâte dont le lactosérum et l'arôme vanille sont responsables.

L'effet de la vitesse et la durée du battage sur l'indice de couleur b* est montré par la figure suivante :

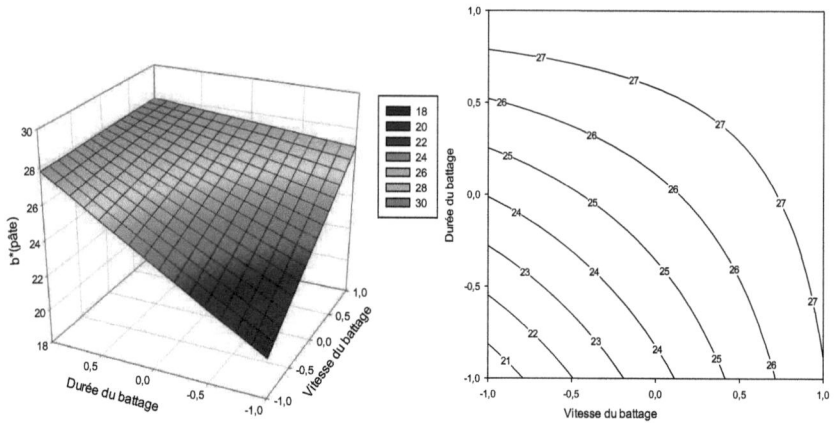

Figure 24. Courbe 3-D et isoréponse indiquant l'effet de la vitesse et la durée du mélange sur l'indice b* de la pâte

- **Validité du modèle pour l'indice b***

Les conditions optimales utilisées pour un indice b* maximal de la pâte sont déterminées à partir de l'équation mathématique. Les conditions optimales sont une concentration en lactosérum de 7,50%, une vitesse du mélange au niveau 3 et une durée de mélange de 2 minutes (déterminés par la méthode de dérivé). L'indice b* théorique est calculée à partir des conditions et vaut 27,78, cette valeur est trouvée expérimentalement pour d'autres niveaux des facteurs étudiés.

III. 3. Effet des différents facteurs étudiés sur l'indice de consistance de la pâte

Tableau 8. Indice de consistance des différents échantillons

N° de l'expérience	Variables codées			Variables non codées			L'indice de consistance (Pa.s)	
	x_1	x_2	x_3	X1	X2	X3	K expérimental	K calculé
1	-1,00	-1,00	0,00	0	1	4	837,14	856,71
2	-1,00	0,00	-1,00	0	2	2	1007,16	1067,51
3	0,00	0,00	0,00	3,75	2	4	1034,18	1034,18
4	-1,00	0,00	1,00	0	2	6	601,45	581,91
5	0,00	-1,00	1,00	3,75	1	6	221,20	213,72
6	0,00	0,00	0,00	3,75	2	4	1034,18	1034,18
7	0,00	-1,00	-1,00	3,75	1	2	913,48	833,53
8	1,00	-1,00	0,00	7,5	1	4	18,70	79,09
9	0,00	0,00	0,00	3,75	2	4	1034,18	1034,18
10	0,00	1,00	-1,00	3,75	3	2	666,96	667,01
11	1,00	0,00	-1,00	7,5	2	2	598,96	618,49
12	-1,00	1,00	0,00	0	3	4	548,78	488,37
13	1,00	1,00	0,00	7,5	3	4	451,02	431,63
14	0,00	0,00	0,00	3,75	2	4	1034,18	1034,18
15	0,00	0,00	0,00	3,75	2	4	1034,18	1034,18
16	1,00	0,00	1,00	7,5	2	6	256,92	196,65
17	0,00	1,00	1,00	3,75	3	6	291,94	371,87

X1 : le taux d'incorporation du lactosérum dans la pâte

X2 : la vitesse du battage (niveau de vitesse de l'appareil)

X3 : la durée du battage (en minutes)

D'après les résultats ci-dessus, la consistance de la pâte minimale est de 18,70 enregistré pour l'échantillon n°8 pour (une valeur maximale de concentration en lactosérum, une valeur minimale de la vitesse et une valeur moyenne pour la durée), Quant à la valeur maximale de la consistance de la pâte, elle est enregistrée pour l'essai n°3 et est égale à 1034,18 (correspondant au niveau moyen pour tous les facteurs),

La consistance de la pâte est régie par le polynôme de second ordre de la forme suivante :

Consistance(allée)= 1034,18-208,59 x_1-3,95 x_2 -226,88 x_3+180,22 x_{12}+15,92 x_{13}+79,31 x_{23}

-238,75x_1^2-331,48 x_2^2-179,31 x_3^2

L'analyse de la variance a donné un coefficient de détermination R^2 de l'ordre de 0,984, le R^2 est ajusté de 0,964 ce qui montre que l'écart entre les valeurs expérimentales et les valeurs calculées est très faible.

Le modèle est significatif car (p<0,05).Le test ANOVA montre que les coefficients linéaires (β_1 et β_3) ; d'interaction (β_{12}, β_{23} et β_{12}) ; et quadratiques (β_1^2, β_2^2 et $\beta_3^{2)}$ sont significativement différents (p<0,05).

Les valeurs trouvées sont en accord avec les travaux de (A.K.S. Chesterton et al.2011) qui ont trouvé des valeurs de la consistance K allant de 20 à 60 Pa s^n pour des valeurs de n de 0,6 à 0,7.

Ces résultats sont similaires aux valeurs précédemment rapportées pour K entre 13 et 80 Pa s^n (Baixauli et al, 2007, Gomez et al, 2008 et Sakiyan et al, 2004) Et n: 0,60 au 0,77 (Baixauli et al. 2007) et Sakiyan et al. 2004). La variation au niveau des résultats est très probablement due à des différences dans la formulation et la fraction volumique d'air incorporé dans la pâte lors de l'homogénéisation.

Le traçage de la courbe de la viscosité infinie donne des valeurs positives de B ce qui montre que le comportement de la pâte du cake est un comportement anti-thixotropique et le produit est stable puisque les valeurs de B tendent vers $+\infty$ au niveau avant cuisson, et la pâte peut être commercialisée à l'état cru.

III. 3. 1. Etude de l'influence de la concentration en lactosérum et la vitesse du battage sur la Consistance de la pâte

L'effet de la concentration en lactosérum et la vitesse du battage sur l'indice de consistance de la pâte est montré par la figure suivante :

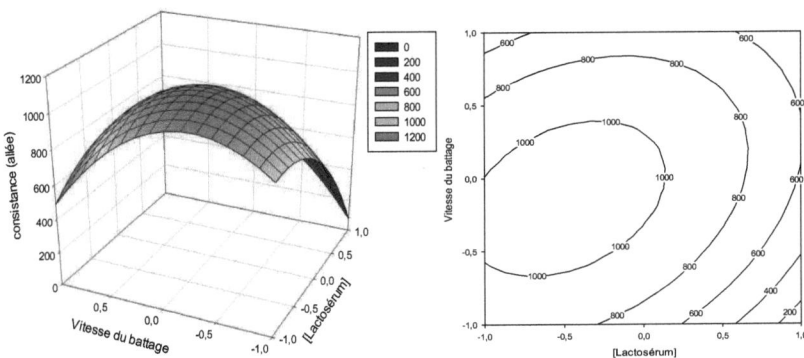

Figure 25. Courbe 3-D et isoréponse indiquant l'effet de la concentration en lactosérum et la vitesse du mélange sur la consistance de la pâte

La courbe 3-D montre que le maximum de la consistance est atteint pour des valeurs aux alentours des valeurs moyennes des deux facteurs étudiés afin de voir l'interaction entre eux.

Le test ANOVA montre que l'interaction entre ces deux facteurs est significative ($p<0,05$) et ceci est confirmé par les courbes elliptiques présentées sur le tracé des contours. La courbe d'isoréponse montre également un aspect concave.

III. 3. 2. Etude de l'influence de la concentration en lactosérum et la durée du battage sur la consistance de la pâte

L'effet de la concentration en lactosérum et la durée du battage sur l'indice de consistance de la pâte est montré par la figure suivante :

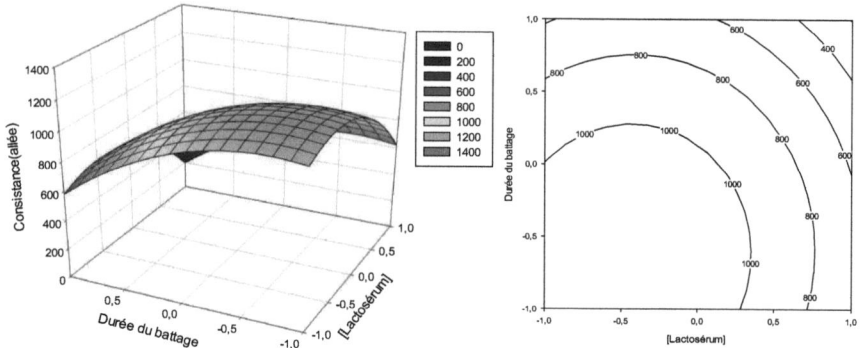

Figure 26. Courbe 3-D et isoréponse indiquant l'effet de la concentration en lactosérum et la durée du mélange sur la consistance de la pâte

La courbe 3-D montre que l'indice de consistance a un maximum pour des valeurs moyennes de la concentration en lactosérum. L'augmentation de la durée du mélange entraîne une diminution de la consistance.

Statistiquement l'interaction entre les deux facteurs : concentration en lactosérum et durée du mélange) est non significative car p<0,05 ce même résultat est confirmé par les courbes circulaires observées sur le tracé des contours.

III. 3. 3. Etude de l'influence de la vitesse et la durée du battage sur la consistance de la pâte

La courbe 3-D montre que le maximum de la consistance est noté pour une vitesse moyenne et une durée faible, la courbe de surface montre des courbes ayant une forme elliptique, ceci peut être expliqué par une interaction significative. Le tableau d'analyse de la variance ANOVA confirme ce résultat, en effet l'interaction entre la vitesse et la durée du mélange est significative (p<0,05).

L'effet de la vitesse et la du battage sur l'indice de consistance de la pâte est montré par la figure suivante :

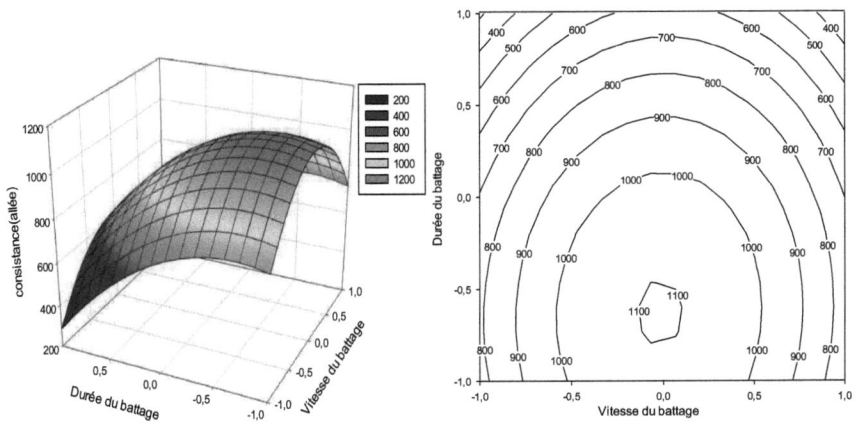

Figure 27. Courbe 3-D et isoréponse indiquant l'effet de la vitesse et la durée du mélange sur la consistance de la pâte

- **Validité du modèle :**

Les conditions optimales utilisées pour une consistance de la pâte K maximale sont déterminées à partir de l'équation mathématique. Les conditions optimales sont une concentration en lactosérum de 2,11%, une vitesse du mélange au niveau 2 et une durée de mélange de 2,74 minutes (déterminés par la méthode de dérivé). L'indice K théorique est calculé à partir de ces conditions et vaut 1156,53 Pa.s, cette valeur est supérieure à toutes les valeurs trouvées expérimentalement pour d'autres niveaux des facteurs étudiés. D'où la combinaison de ces facteurs trouvée par optimisation est la meilleure pour une consistance plus importante.

III. 4. Effet des différents facteurs étudiés sur la thixotropie de la pâte
Tableau 9. L'aire thixotropique de la pâte des différents échantillons

N° de l'expérience	Variables codées			Variables non codées			L'aire thixotropique	
	x_1	x_2	x_3	X1	X2	X3	Aire thixotropique Expérimentale (10^5)	Aire thixotropique Calculée (10^5)
1	-1,00	-1,00	0,00	0	1	4	51,34	32,98
2	-1,00	0,00	-1,00	0	2	2	19,44	36,18
3	0,00	0,00	0,00	3,75	2	4	30,31	16,66
4	-1,00	0,00	1,00	0	2	6	8,88	24,46
5	0,00	-1,00	1,00	3,75	1	6	4,40	13,50
6	0,00	0,00	0,00	3,75	2	4	30,31	16,66
7	0,00	-1,00	-1,00	3,75	1	2	19,25	25,22
8	1,00	-1,00	0,00	7,5	1	4	0,62	5,74
9	0,00	0,00	0,00	3,75	2	4	30,31	16,66
10	0,00	1,00	-1,00	3,75	3	2	21,39	19,82
11	1,00	0,00	-1,00	7,5	2	2	0,51	8,90
12	-1,00	1,00	0,00	0	3	4	31,50	27,58
13	1,00	1,00	0,00	7,5	3	4	0,86	0,34
14	0,00	0,00	0,00	3,75	2	4	30,31	16,66
15	0,00	0,00	0,00	3,75	2	4	30,31	16,66
16	1,00	0,00	1,00	7,5	2	6	0,19	2,82
17	0,00	1,00	1,00	3,75	3	6	0,26	8,10

X1 : le taux d'incorporation du lactosérum dans la pâte ; X2 : la vitesse du battage (niveau de vitesse de l'appareil) ; X3 : la durée du battage (en minutes).

Le tableau ci-dessus illustre l'aire thixotropique mesuré pour toute l'expérience du plan. L'aire thixotropique est une donnée rhéologique qui donne une idée sur la stabilité de la pâte. Les résultats expérimentaux révèlent que les valeurs sont entre 0,19 et 51,34 enregistrées respectivement pour les préparations n° 16 (niveau maximal de la concentration en lactosérum et la durée du mélange et un niveau moyen pour la vitesse du mélange) et n° 1 (niveaux bas pour la concentration et la vitesse du mélange, niveau moyen pour la durée du mélange). Les résultats expérimentaux prouvent que l'ajout du lactosérum améliore la stabilité de la pâte ce qui peut créer l'intérêt de commercialiser la pâte à cake à l'état cru pour des utilisations domestique puisque cette dernière est stable.

Le tableau d'analyse de la variance montre que l'aire thixotropique est régie par le polynôme suivant :

$$\text{Aire thixotropique} = 16,66 - 13,62\, x_1 - 2,70\, x_2 - 5,86\, x_3$$

Le polynôme proposé ne prend pas en considération les termes d'interaction. De plus ce modèle a un coefficient de régression R^2 de l'ordre de 0,465 et un R^2 ajusté égal à 0,342 et un coefficient de variance élevé de l'ordre de 76,00% ce qui prouve qu'il existe un problème au niveau des valeurs expérimentales.

III. 4. 1. Etude de l'effet de la concentration en lactosérum et la vitesse du mélange sur l'aire thixotropique de la pâte

La courbe 3-D montre que l'aire thixotropique minimale (correspondant à une pâte très stable) est enregistrée pour des valeurs maximales de la concentration en lactosérum et de la vitesse d'homogénéisation. L'analyse statistique ne montre aucune interaction entre ces deux facteurs et de même les courbes figurées sur le tracé des contours prouvent le même résultat.

L'effet de la concentration en lactosérum et la vitesse du mélange sur l'aire thixotropique de la pâte est montré par la figure suivante :

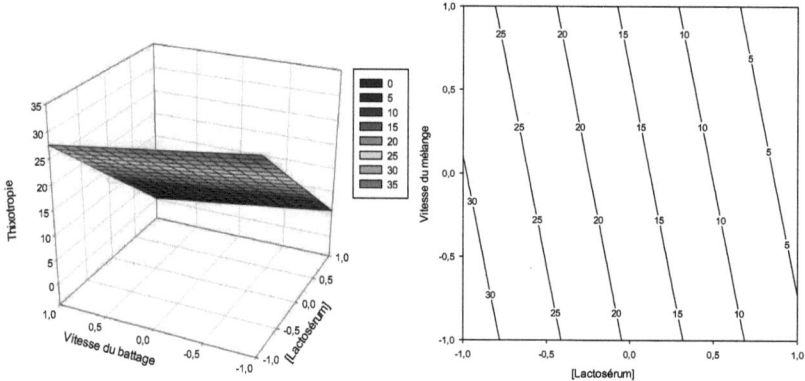

Figure 28. Courbe 3-D et isoréponse indiquant l'effet de la concentration en lactosérum et la vitesse du mélange sur l'aire thixotropique de la pâte

III. 4. 2. Etude de l'effet de la concentration en lactosérum et la durée du mélange sur l'aire thixotropique de la pâte

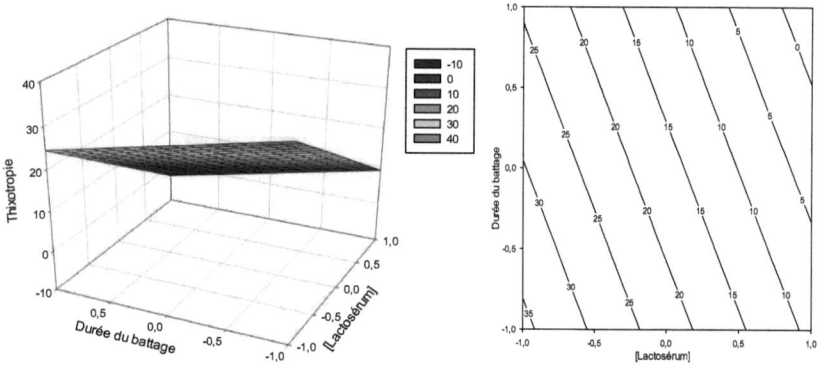

Figure 29. Courbe 3-D et isoréponse indiquant l'effet de la concentration en lactosérum et la vitesse du mélange sur l'aire thixotropique de la pâte

La courbe 3-D montre que l'aire thixotropique est minimale pour des concentrations en lactosérum et une durée de battage maximales ce qui met en relief l'effet positif de l'ajout du lactosérum sur la stabilité de la pâte. Le tableau d'analyse de la variance ne montre pas des effets d'interaction entre les deux facteurs étudiés et ce même résultat est confirmé par le tracé des contours.

66

III. 5. Effet des différents facteurs étudiés sur l'activité d'eau du « Muffins »

Tableau 10. L'activité de l'eau du Muffins des différents échantillons

N° de l'expérience	Variables codées			Variables non codées			L'activité d'eau	
	x_1	x_2	x_3	X1	X2	X3	Aw expérimentale	Aw calculée
1	-1,00	-1,00	0,00	0	1	4	0,795	0,77
2	-1,00	0,00	-1,00	0	2	2	0,785	0,768
3	0,00	0,00	0,00	3,75	2	4	0,804	0,80
4	-1,00	0,00	1,00	0	2	6	0,808	0,794
5	0,00	-1,00	1,00	3,75	1	6	0,809	0,806
6	0,00	0,00	0,00	3,75	2	4	0,804	0,80
7	0,00	-1,00	-1,00	3,75	1	2	0,806	0,804
8	1,00	-1,00	0,00	7,5	1	4	0,791	0,776
9	0,00	0,00	0,00	3,75	2	4	0,804	0,80
10	0,00	1,00	-1,00	3,75	3	2	0,807	0,792
11	1,00	0,00	-1,00	7,5	2	2	0,789	0,784
12	-1,00	1,00	0,00	0	3	4	0,787	0,784
13	1,00	1,00	0,00	7,5	3	4	0,756	0,754
14	0,00	0,00	0,00	3,75	2	4	0,804	0,80
15	0,00	0,00	0,00	3,75	2	4	0,804	0,80
16	1,00	0,00	1,00	7,5	2	6	0,774	0,77
17	0,00	1,00	1,00	3,75	3	6	0,817	0,801

X1 : le taux d'incorporation du lactosérum dans la pâte

X2 : la vitesse du battage (niveau de vitesse de l'appareil)

X3 : la durée du battage (en minutes)

- La valeur expérimentale est la moyenne de trois répétitions.

Le tableau ci-dessus montre que l'activité de l'eau des différents essais varie de 0,756 à 0,817 enregistrés pour l'échantillon n°13(une valeur maximale pour la concentration en lactosérum et la vitesse du mélange et une valeur moyenne de la durée) et l'échantillon n°17(correspondant à une valeur moyenne de la concentration en lactosérum et des valeurs maximales de la vitesse et la durée du mélange); l'activité de l'eau est un indice la stabilité microbiologique du produit, Etant donné que les produits céréaliers à humidité intermédiaire sont le siège du développement des levures et moisissures mais ces germes ne sont capables de se développer qu'à partir d'une activité de l'eau supérieure à 0,80 d'où une stabilité acceptable de tous les échantillons.

La valeur la plus faible de l'activité de l'eau qui correspond à une stabilité meilleure peut être expliquée par la capacité du lactosérum à diminuer l'aw.

En effet la solubilité des protéines est la résultante des interactions eau-protéines, On peut apprécier l'importance de ces interactions par rapport à l'activité de l'eau en présence des protéines, L'addition des protéines à l'eau diminue sa tension superficielle de sorte que l'activité de l'eau diminue (Frénot-Elisabeth Vierling, 2001).

Les résultats trouvés ne sont pas en accord avec ceux trouvés par Grigelmo-Miguel, Carreras-Boladeras, Martin-Belloso, (2001); et Zahn et al., (2010) qui ont trouvé des valeurs de l'activité de l'eau allant de 0,84 à 0,91. Puisque des valeurs de l'activité de l'eau supérieures à 0,80 favorisent le développement des levures et moisissures, les résultats trouvés au cours de cette étude montrent que le produit est stable de point de vue microbiologique.

L'activité de l'eau du « Muffins » est présentée par un modèle polynomial de second ordre avec un coefficient de régression R^2 0,905, Le modèle obtenu est le suivant :

$$Aw = 0,80 - 0,008125\ x_1 - 0,00425\ x_2 + 0,002625\ x_3 - 0,00675\ x_{12} - 0,0095\ x_{13} + 0,00175\ x_{23} - 0,021\ x_1^2 - 0,005 x_2^2 + 0,00625\ x_3^2$$

Le test ANOVA présente un modèle significatif par un p=0,0074<0,05, tous les termes linéaires, quadratiques et d'interaction renfermant le paramètre : concentration en lactosérum sont significatifs ce qui met en relief le lien entre le lactosérum et l'activité de l'eau de la denrée alimentaire en question.

Le coefficient de déterminations R^2 de ce modèle est de l'ordre de 0,905 et il est ajusté de 0,784, le coefficient de variation est de 0,88 tous ces résultats statistiques montrent une fiabilité des résultats expérimentaux.

III. 5. 1. Etude de l'effet de la concentration en lactosérum et la vitesse du battage sur l'activité de l'eau du « muffins »

L'effet de la concentration en lactosérum et la vitesse du battage sur l'activité de l'eau du modèle est montré par la figure suivante :

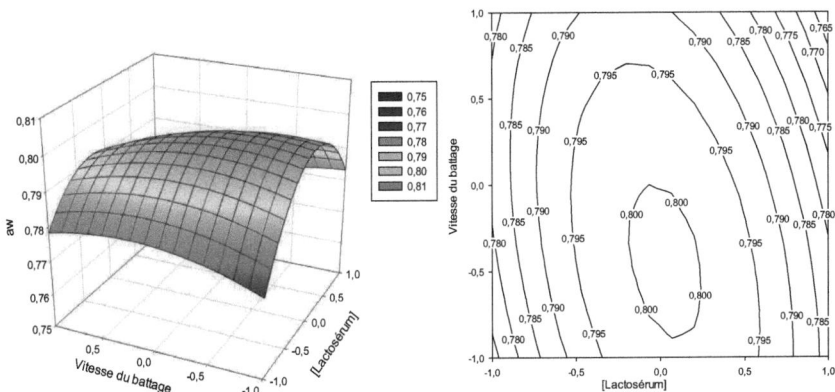

Figure 30. Courbe 3-D et isoréponse indiquant l'effet de la concentration en lactosérum et la vitesse du mélange sur l'activité de l'eau mu « muffins »

La courbe d'isoréponse montre des figures de forme elliptique qui prouvent que l'interaction entre les deux facteurs est significative mais le test ANOVA a dégagé un résultat contraire par un p=0,09 >0,05.

La courbe 3-D montre qu'une activité d'eau minimale est obtenue avec une valeur moyenne en lactosérum et une valeur minimale de la vitesse du mélange

III. 5. 2. Etude de l'effet de la concentration en lactosérum et la durée du battage sur l'activité de l'eau du « muffins »

L'effet de la concentration en lactosérum et la durée du battage sur l'activité de l'eau du modèle est montré par la figure suivante :

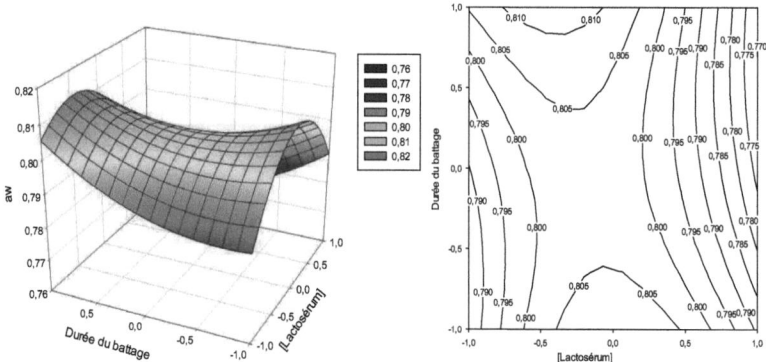

Figure 31. Courbe 3-D et isoréponse indiquant l'effet de la concentration en lactosérum et la durée du mélange sur l'activité de l'eau du « muffins

La courbe 3-D montre que l'activité de l'eau du muffin augmente avec l'augmentation de la concentration en lactosérum jusqu'à une certaine valeur qu'au-dessus de laquelle l'aw commence à diminuer, L'augmentation de la durée du battage fait augmenter l'aw.

La courbe de surface montre des courbes elliptiques ce qui prouve que l'interaction entre ces deux facteurs est significative, D'Ailleurs le test ANOVA prouve ce même résultat par une valeur de p inférieure à 0,05.

III. 5. 3. Etude de l'effet de la vitesse et la durée du battage sur l'activité de l'eau du « muffins »

La courbe 3-D montre qu'une activité d'eau minimale est obtenue par des valeurs maximales de la vitesse et des valeurs minimales de la durée du battage.

Les courbes elliptiques prouvent normalement une interaction significative mais une valeur de p supérieure à 0,05 prouve le contraire ce qui peut être expliqué par l'intervention d'autres phénomènes directement ayant une incidence sur l'activité de l'eau.

L'effet de la concentration en lactosérum et la durée du battage sur l'activité de l'eau du modèle est montré par la figure suivante :

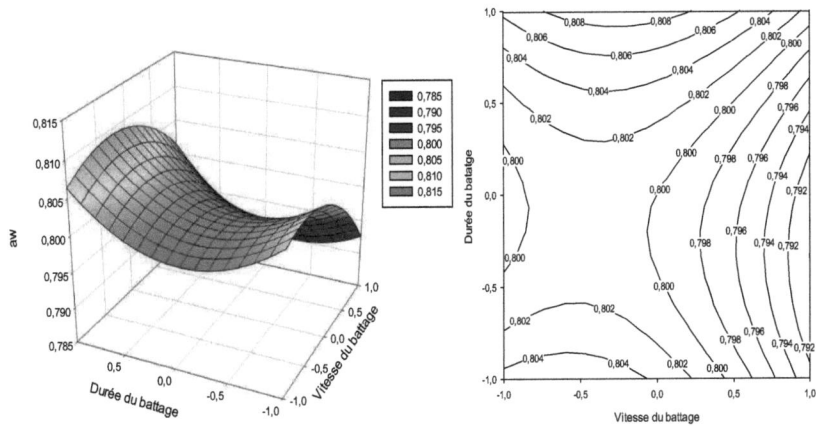

Figure 32. Courbe 3-D et isoréponse indiquant l'effet de la concentration en lactosérum et la vitesse du mélange sur l'activité de l'eau du « muffins »

- **Validité du modèle :**

Les conditions optimales utilisées pour une activité de l'eau minimale sont déterminées à partir de l'équation mathématique. Les conditions optimales sont une concentration en lactosérum de 3,03%, une vitesse du mélange de 1,57 et une durée de 3,58 minutes (déterminés par la méthode de dérivé). L'activité de l'eau théorique est calculée à partir des conditions et vaut 0,80 qui est une teneur à la limite d'acceptabilité et qui correspond à un produit stable de point de vue microbiologique.

III. 6. Effet des différents facteurs étudiés sur la teneur en eau du cake
Tableau 11. Teneur en eau du « Muffins » des différents échantillons

N° de l'expérience	Variables codées			Variables non codées			La teneur en eau(%)	
	x_1	x_2	x_3	X1	X2	X3	Teneur en eau expérimentale	Teneur en eau calculée
1	-1,00	-1,00	0,00	0	1	4	17,72	17,367
2	-1,00	0,00	-1,00	0	2	2	17,13	17,31
3	0,00	0,00	0,00	3,75	2	4	18,28	18,28
4	-1,00	0,00	1,00	0	2	6	18,56	18,71
5	0,00	-1,00	1,00	3,75	1	6	18,62	18,82
6	0,00	0,00	0,00	3,75	2	4	18,28	18,28
7	0,00	-1,00	-1,00	3,75	1	2	18,71	18,86
8	1,00	-1,00	0,00	7,5	1	4	18,03	18,00
9	0,00	0,00	0,00	3,75	2	4	18,28	18,28
10	0,00	1,00	-1,00	3,75	3	2	18,34	18,07
11	1,00	0,00	-1,00	7,5	2	2	17,71	17,55
12	-1,00	1,00	0,00	0	3	4	18,45	18,473
13	1,00	1,00	0,00	7,5	3	4	16,64	16,99
14	0,00	0,00	0,00	3,75	2	4	18,28	18,28
15	0,00	0,00	0,00	3,75	2	4	18,28	18,28
16	1,00	0,00	1,00	7,5	2	6	17,81	17,63
17	0,00	1,00	1,00	3,75	3	6	19,83	19,653

X1 : le taux d'incorporation du lactosérum dans la pâte

X2 : la vitesse du battage (niveau de vitesse de l'appareil)

X3 : la durée du battage (en minutes)

Le tableau ci-dessus montre que l'humidité du « Muffins » varie entre 16,64% et 19,83% enregistrés respectivement pour les essais n°13(un niveau élevé de la concentration en lactosérum et de la vitesse du mélange, et une valeur moyenne de la durée) et n°17 (une valeur moyenne en lactosérum, des valeurs maximales pour la vitesse et la durée du mélange).

L'ajout du lactosérum va diminuer la quantité d'eau dans la pâte qui va s'évaporer lors de la cuisson ce qui va diminuer l'humidité du produit fin, Ce résultat n'est observé que pour des échantillons ayant des concentrations élevés en lactosérum.

Les résultats trouvés par Susan Zahn et *al.*, (2010) montrent que les teneurs les plus élevés en humidité correspondent aux échantillons ayant un pourcentage d'eau très important, les valeurs de l'humidité trouvées s'étendent de 21 à 25% ce qui donne un aspect plus spongieux et moelleux à la mie du « muffins », et donc une meilleure appréciation. Les valeurs de la teneur en eau trouvées pour les « muffins » de cette étude sont aussi acceptables et donnent une bonne texture du produit fini.

La teneur en eau de « muffins » est présentée par un modèle polynomial de second ordre avec un coefficient de régression R^2 de 0,933,

$$H (\%) = 18,28 - 0,21\ x_1 + 0,023\ x_2 + 0,37\ x_3 - 0,53\ x_{12} - 0,33\ x_{13} + 0,39\ x_{23} - 0,82\ x_1^2 + 0,25\ x_2^2 + 0,34\ x_3^2$$

Le tableau d'analyse de la variance montre que le modèle réalisé pour l'humidité du cake est significatif et acceptable et ceci est confirmé par un coefficient de corrélation de 0,933, un coefficient de corrélation ajusté de 0,847 et un coefficient de variation de 1,474, l'analyse de la variance montre également que les termes $\beta_3\ \beta_{12}\ \beta_{13}\ \beta_{23}\ \beta_1^2\ \beta_3^2$ sont significatifs par rapport à la teneur en eau ($p<0,05$),

Dans le but de mieux interpréter les résultats obtenus on procède au traçage des courbes d'isoréponses et des surfaces de la teneur en eau pour les trois facteurs étudiés, Ces graphes vont nous permettre de déterminer les conditions idéales pour une humidité du « muffins » la plus convenable.

III. 6. 1. Etude de l'effet de la concentration en lactosérum et la vitesse du battage sur la teneur en eau du « muffins »

L'effet de l'ajout du lactosérum et de la vitesse du mélange sur la teneur en eau est illustré dans la figure suivante :

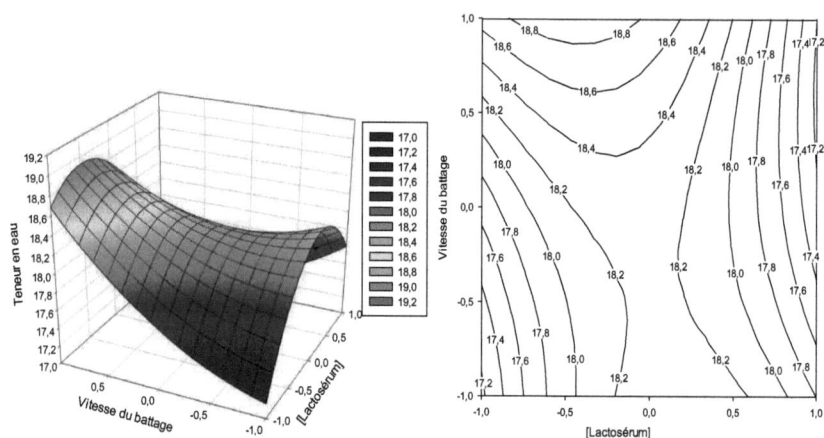

Figure 33. Courbe 3-D et isoréponse indiquant l'effet de la concentration en lactosérum et la vitesse du mélange sur la teneur en eau du « muffins »

La courbe 3-D montre qu'une humidité aux alentours de 18% est obtenue avec des combinaisons moyennes pour les deux facteurs, Le tracé des contours montre que l'interaction entre les deux facteurs étudiée est significative à travers les courbes elliptiques, le test de la variance montre également un p<0,05 pour cette interaction, Donc la concentration en lactosérum et la vitesse du mélange ont un effet significatif sur l'humidité du « muffins ».

III. 6. 2. Etude de l'effet de la concentration en lactosérum et la durée du battage sur la teneur en eau du « muffins »

L'effet de l'ajout du lactosérum et de la durée du mélange sur la teneur en eau est illustré dans la figure suivante :

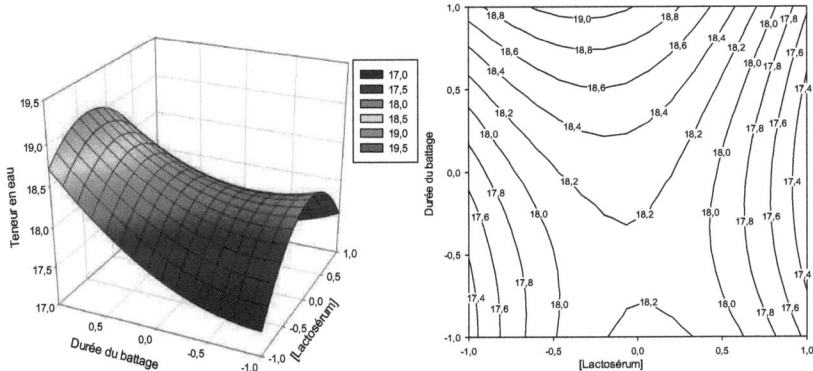

Figure 34. Courbe 3-D et isoréponse indiquant l'effet de la concentration en lactosérum et la vitesse du mélange sur la teneur en eau du « muffins »

La courbe 3-D montre que l'humidité du « muffins » augmente avec une concentration en lactosérum qui va au-delà de la valeur moyenne et pour une durée du mélange importante.

Une teneur maximale en lactosérum et une durée minimale correspondent à la valeur minimale de l'humidité. Les contours ont une forme elliptique ce qui prouve que l'interaction entre : concentration en lactosérum et durée du mélange est significative pour la teneur en eau.

III. 6. 3. Etude de l'effet de la vitesse et la durée du battage sur la teneur en eau du « muffins »

La courbe 3-D montre que qu'une humidité maximale est obtenue par une vitesse et une durée de mélange maximales, la diminution de ces deux facteurs diminue l'humidité du cake. L'analyse de la variance montre que l'interaction entre ces deux facteurs est significative ($p<0,05$).

L'effet de la concentration en lactosérum et la durée du battage sur la teneur en eau du « muffins », est montré par la figure suivante :

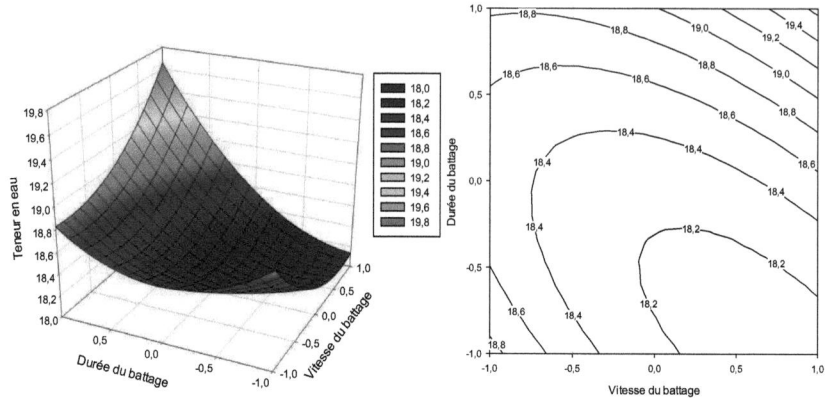

Figure 35. Courbe 3-D et isoréponse indiquant l'effet de la vitesse et la durée du mélange sur la teneur en eau du « muffins »

- **Validité du modèle :**

Les conditions optimales utilisées pour une teneur en eau maximale sont déterminées à partir de l'équation mathématique. Les conditions optimales sont une concentration en lactosérum de 3,29%, une vitesse du mélange de 1,95 et une durée de 2,92 minutes (déterminés par la méthode de dérivé). La teneur en eau théorique est calculée à partir des conditions et vaut 18,17%, cette valeur correspond à une teneur acceptable donnant une humidité qui correspond à un produit souple et moelleux. Ces résultats suggèrent que l'équation des réponses de surfaces a une grande capacité de déterminer les paramètres de la teneur en eau du « muffins ».

III. 7. Effet des différents facteurs étudiés sur le volume spécifique du cake
Tableau 12. Volume spécifique du « muffins » pour les différents échantillons

N° de l'expérience	Variables codées			Variables non codées			Le volume spécifique (V.S) (cm³/g)	
	x_1	x_2	x_3	X1	X2	X3	Volume Spécifique expérimental	Volume Spécifique calculé
1	-1,00	-1,00	0,00	0	1	4	1,20	1,11
2	-1,00	0,00	-1,00	0	2	2	0,80	0,82
3	0,00	0,00	0,00	3,75	2	4	1,20	1,20
4	-1,00	0,00	1,00	0	2	6	1,00	1,05
5	0,00	-1,00	1,00	3,75	1	6	0,90	0,93
6	0,00	0,00	0,00	3,75	2	4	1,20	1,20
7	0,00	-1,00	-1,00	3,75	1	2	1,00	0,97
8	1,00	-1,00	0,00	7,5	1	4	1,20	1,18
9	0,00	0,00	0,00	3,75	2	4	1,20	1,20
10	0,00	1,00	-1,00	3,75	3	2	0,60	0,562
11	1,00	0,00	-1,00	7,5	2	2	1,10	1,05
12	-1,00	1,00	0,00	0	3	4	0,80	0,81
13	1,00	1,00	0,00	7,5	3	4	1,00	1,08
14	0,00	0,00	0,00	3,75	2	4	1,20	1,20
15	0,00	0,00	0,00	3,75	2	4	1,20	1,20
16	1,00	0,00	1,00	7,5	2	6	1,20	1,17
17	0,00	1,00	1,00	3,75	3	6	1,10	1,03

X1 : le taux d'incorporation du lactosérum dans la pâte ; X2 : la vitesse du battage (niveau de vitesse de l'appareil) ; X3 : la durée du battage (en minutes)

Le tableau montre l'effet de la variation des trois facteurs étudiés sur le volume spécifique du cake. Le volume spécifique est une grandeur qui donne une idée sur la répartition des alvéoles dans la mie du « muffins », plus le volume spécifique est important plus le nombre des alvéoles est important dans le produit fini.

On peut remarquer que le volume spécifique du cake varie de 0,80 à 1,20 cm^3/g, ces résultats tombent dans l'intervalle des résultats trouvés par Turabi et al, (2008) qui a trouvé un volume spécifique des muffins qui va de 1,08 à 1,66 ml/g,

Le tableau d'analyse de la variance montre que le modèle mathématique adopté est significatif (p<0,05), De plus le volume spécifique est présenté par un modèle polynomial de second ordre avec un coefficient de détermination égal à 0,940.

Le modèle mathématique est le suivant :

V.S=1,20+0,087 x_1 -0,1x_2+0,088x_3+0,050x_{12}-0,025x_{13}+0,15x_{23}-0,012x_1^2-0,14x_2^2-0,16x_3^2

L'analyse de la variance montre que le modèle a un coefficient de détermination R^2 de l'ordre de 0,940, un coefficient de détermination ajusté de 0,863 et un coefficient de variation de 6,47% Ces résultats montrent une fiabilité du modèle adopté.

III. 7. 1. Etude de l'effet de la concentration en lactosérum et la vitesse du battage sur le volume spécifique du cake

La Courbe 3-D montre que le volume spécifique augmente avec l'augmentation de la concentration en lactosérum et la diminution de la vitesse du battage.

L'interaction entre ces deux facteurs n'est pas significative pour le volume spécifique du cake (p>0,05) et les courbes rectilignes sur le graphe de la réponse de surface le prouvent.

L'effet de la concentration en lactosérum et la vitesse du battage sur le volume spécifique du cake, est montré sur la figure suivante :

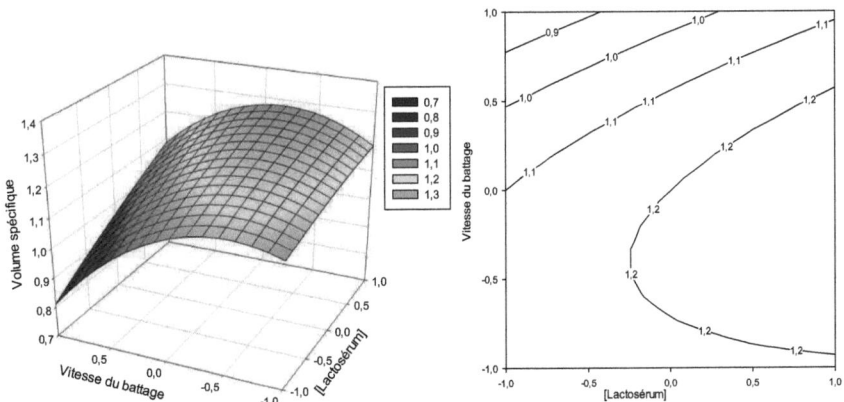

Figure 36.Courbe 3-D et isoréponse indiquant l'effet de la concentration en lactosérum et la vitesse du mélange sur le volume spécifique

III. 7. 2. Etude de l'effet de la concentration en lactosérum et la durée du battage sur le volume spécifique du cake

Le volume spécifique est maximal pour une durée de mélange moyenne et pour des valeurs de la concentration en lactosérum supérieures à la valeur moyenne, Le graphe de la réponse de surface présente des courbes rectilignes ce qui prouve que l'interaction entre ces deux facteurs n'est pas significative, le test ANOVA prouve le même résultat par un p>0,05.

L'effet de la concentration en lactosérum et la durée du battage sur le volume spécifique du cake, est montré sur la figure suivante :

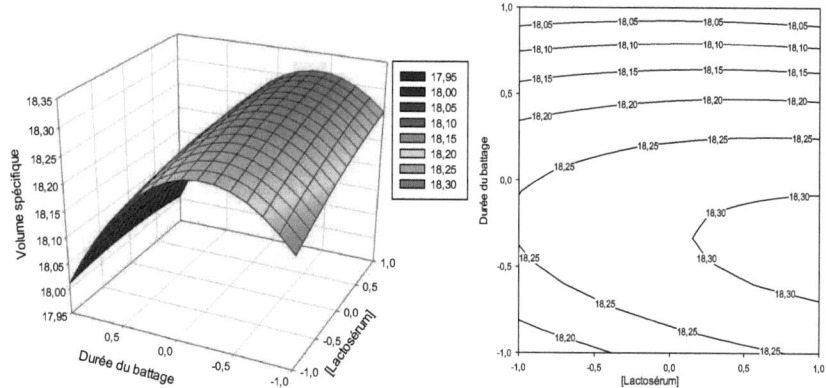

Figure 37. Courbe 3-D et isoréponse indiquant l'effet de la concentration en lactosérum et la vitesse du mélange sur le volume spécifique du « muffins »

III. 7. 3. Etude de l'effet de la vitesse et la durée du battage sur le volume spécifique du cake

La courbe 3-D montre qu'un volume spécifique maximal est la résultante d'une vitesse et une durée de mélange presque maximales, Un volume spécifique élevé est le signe que le cake est envahi de cellules de gaz ce qui prouve une introduction importante des bulles de gaz lors de la phase du mélange, la courbe 3-D montre également que l'augmentation de la durée du mélange augmente le volume spécifique jusqu'à un certain niveau, la courbe de réponse de surface montre une interaction significative entre les deux facteurs par le biais des courbes elliptiques.

L'effet de la vitesse et la durée du battage sur le volume spécifique du cake, est montré sur la figure suivante :

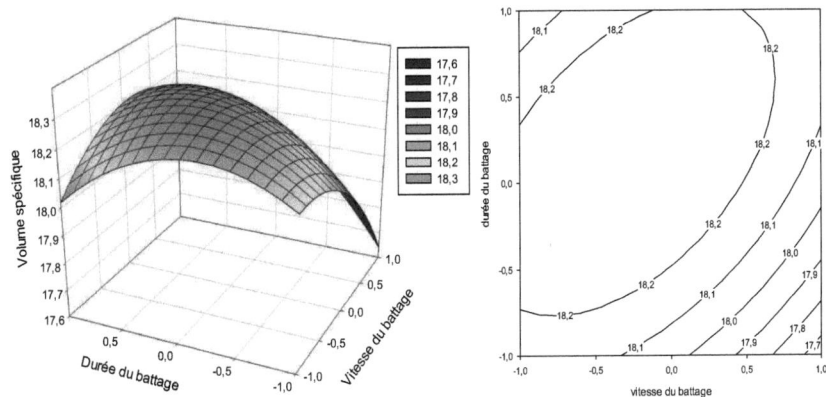

Figure 38. Courbe 3-D et isoréponse indiquant l'effet de la vitesse et la durée du mélange volume spécifique du « muffins »

- **Validité du modèle :**

Les conditions optimales utilisées pour un volume spécifique maximal sont déterminées à partir de l'équation mathématique. Les conditions optimales sont une concentration en lactosérum de 7,50%, une vitesse du mélange de 1,64 et une durée de 3,96 minutes (déterminés par la méthode de dérivé). Le volume spécifique théorique est calculé à partir des conditions et vaut 1,27 qui est proche de la valeur expérimentale qui vaut 1,20. Ces résultats suggèrent que l'équation des réponses de surfaces a une grande capacité de déterminer les paramètres du volume spécifique du « muffins ».

III. 8. Effet des différents facteurs étudiés sur les paramètres de la couleur de la mie du cake « Muffins »

Tableau 13. Les paramètres de la couleur de la mie du « Muffins » pour les différents échantillons

N° de l'expérience	Variables codées			Variables non codées			Les paramètres de la couleur de la mie		
	x_1	x_2	x_3	X1	X2	X3	L*	a*	b*
1	-1,00	-1,00	0,00	0	1	4	75,11	-4,88	27,19
2	-1,00	0,00	-1,00	0	2	2	73,89	-4,67	29,08
3	0,00	0,00	0,00	3,75	2	4	73,40	-4,61	26,97
4	-1,00	0,00	1,00	0	2	6	74,22	-2,72	25,65
5	0,00	-1,00	1,00	3,75	1	6	79,65	-4,77	24,85
6	0,00	0,00	0,00	3,75	2	4	73,40	-4,61	26,97
7	0,00	-1,00	-1,00	3,75	1	2	73,48	-2,54	25,59
8	1,00	-1,00	0,00	7,5	1	4	75,07	-4,25	25,95
9	0,00	0,00	0,00	3,75	2	4	73,40	-4,61	26,97
10	0,00	1,00	-1,00	3,75	3	2	76,71	-4,71	24,55
11	1,00	0,00	-1,00	7,5	2	2	74,89	-3,88	24,85
12	-1,00	1,00	0,00	0	3	4	77,64	-4,69	25,41
13	1,00	1,00	0,00	7,5	3	4	72,05	-3,84	24,49
14	0,00	0,00	0,00	3,75	2	4	73,40	-4,61	26,97
15	0,00	0,00	0,00	3,75	2	4	73,40	-4,61	26,97
16	1,00	0,00	1,00	7,5	2	6	79,76	-4,06	26,16
17	0,00	1,00	1,00	3,75	3	6	81,15	-4,70	27,22

X1 : le taux d'incorporation du lactosérum dans la pâte

X2 : la vitesse du battage (niveau de vitesse de l'appareil)

X3 : la durée du battage (en minutes)

La couleur dans les produits de boulangerie peut provenir de différentes sources: la couleur intrinsèque conférée par les ingrédients individuels (Gularte, de la Hera, et al. 2012), la couleur développée résultant de l'interaction entre les ingrédients (Acosta, Cavender, et Kerr, 2011), comme la réaction de Maillard ou caramélisation, outre les modifications associées à des agents chimiques ou aux réactions enzymatiques.

- **La couleur de la mie :**
  - ➢ **L'indice L* :**

Le tableau ci-dessus illustre l'effet des facteurs étudiés à savoir la concentration en lactosérum, la vitesse et la durée du mélange sur la luminosité de la mie du produit fini.

La valeur de L* varie de 72,05 à 81,15 enregistrés respectivement pour les essais n°13(une valeur maximale de la concentration en lactosérum et la vitesse du mélange et une valeur moyenne de la durée) et n°17(une valeur moyenne de la concentration en lactosérum et une valeur maximale pour la vitesse et la durée).

Summa et *al.*, (2008) ont également montré une tendance de L * de diminuer en fonction du niveau de la cuisson des aliments. De plus González-Mateo S et *al.*, (2009) montrent que dans les muffins, la présence d'autres composés différents de la farine et de sucres favorisent la production de structures plus colorées.

Le tableau d'analyse de la variance montre que le modèle trouvé pour l'indice L* de la mie n'est pas significatif (p>0,05) et ceci et confirmé par un coefficient de corrélation qui n'est pas très proche de 1 (0,779), un R^2 ajusté de 0,495 et un coefficient de variance de 2,537.

Le modèle mathématique proposé est le suivant :

$$L^*(mie) = 73,04 + 0,11 x_1 + 0,53 x_2 + 1,98 x_3 - 1,39 x_{12} + 1,14 x_{13} - 0,43 x_{23} - 0,25 x_1^2 + 1,81 x_2^2 + 2,54 x_3^2$$

  - ➢ **L'indice a* :**

Le tableau ci-dessus montre que l'indice a* varie de -4,88 à -2,54 enregistrés pour les échantillons n°1 (un niveau bas pour la concentration en lactosérum et la vitesse du mélange et une valeur moyenne de la durée) et n°7 (une valeur moyenne de la concentration en lactosérum et des valeurs faibles pour la vitesse et la durée du mélange),

Le tableau d'analyse de la variance montre que l'indice a* de la mie est invariant ce qui est confirmé par un polynôme constant :

$$a^*(\text{mie}) = -4,28$$

Ceci peut être expliqué par le fait que la mie a une couleur jaunâtre, la coloration brune la résultante de la réaction de Maillard ne se manifeste que sur la croûte, puisque la température à la surface est plus élevée que celle au cœur du produit, pour ce fait l'indice a* est invariant.

> ➤ **L'indice b* :**

Le tableau ci-dessus montre l'effet des différents facteurs étudiés sur l'indice de la couleur b*.le tableau d'analyse de la variance montre que le modèle proposé est non significatif ($p>0,05$).

Le modèle polynomial est les suivant :

$$b^*(\text{mie}) = 26,97 - 0,74x_1 - 0,24x_2 - 0,024x_3 + 0,080x_{12} + 1,19x_{13} + 0,85x_{23} - 0,16x_1^2 - 1,05x_2^2 - 0,37x_3^3$$

L'analyse de la variance montre que ce modèle a un coefficient de détermination R^2 de 0,792, un R^2 ajusté de 0,525 et un coefficient de variation de l'ordre de 3,21%,

L'analyse statistique montre également que les termes significatifs ($p<0,05$) sont : β_1 β_{13} β_2^2 β_3^2

La variation de la concentration en lactosérum a un effet sur significatif sur l'indice b*, ainsi que l'interaction entre : concentration en lactosérum et durée du mélange et les termes quadratiques de la vitesse et la durée du mélange. Donc l'ajout du lactosérum a un effet positif sur la couleur jaune de la mie du « muffins ».

III. 8. 1. Etude de l'effet de la concentration en lactosérum et la vitesse du battage sur la couleur de la mie

III. 8. 1. 1. L'indice L*

La courbe 3-D montre que l'indice L* augmente avec l'augmentation de la concentration en lactosérum et diminue avec l'augmentation de la vitesse du mélange, L'analyse statistique montre que l'interaction entre ces deux facteurs est non significative ($p>0,05$), une luminosité importante suite à une incorporation maximale du lactosérum peut être expliquée par la brillance qu'apporte le lactosérum en poudre après qu'il soit bien homogénéisé dans la pâte.

L'effet de la concentration en lactosérum et la vitesse du battage sur la couleur de la mie est montré dans la figure suivante :

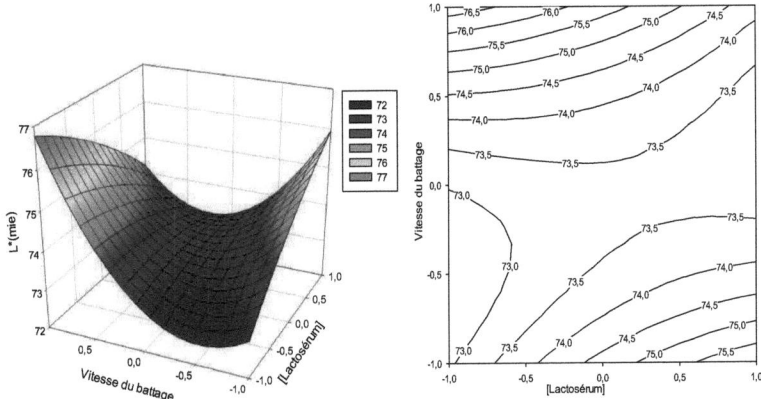

Figure 39. Courbe 3-D et isoréponse indiquant l'effet de la concentration en lactosérum et la vitesse du mélange sur l'indice L* de la mie

III. 8. 1. 2. L'indice b*

L'effet de la concentration en lactosérum et la vitesse du mélange sur l'indice b* de la mie est montré par la figure suivante :

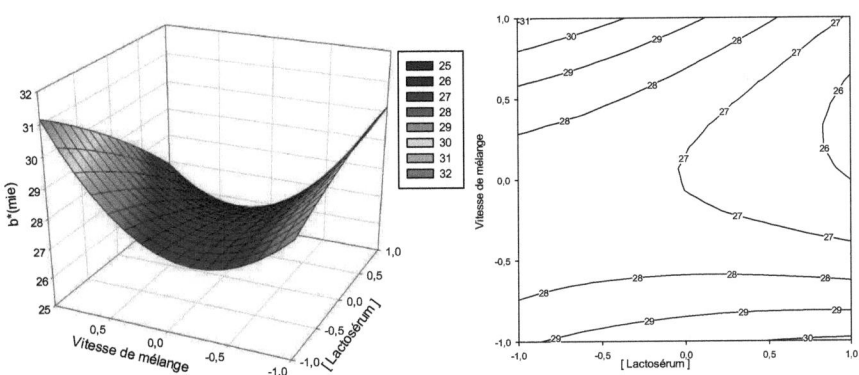

Figure 40. Courbe 3-D et isoréponse indiquant l'effet de la concentration en lactosérum et la vitesse du mélange sur l'indice b* de la mie

La courbe 3-D montre que l'indice b* augmente avec l'augmentation en lactosérum et de la vitesse du mélange ceci peut être expliqué par la coloration jaune qu'apporte le lactosérum au « muffins ». L'analyse de la variance ANOVA montre que l'interaction entre concentration en lactosérum et vitesse n'est pas significative (p>0,05).

III. 8. 2. Effet de la concentration en lactosérum et la durée du battage sur la couleur de la mie

III. 8. 2. 1. L'indice L*

L'Effet de la concentration en lactosérum et la durée du battage sur l'indice de couleur de la mie L* est montré par la figure suivante :

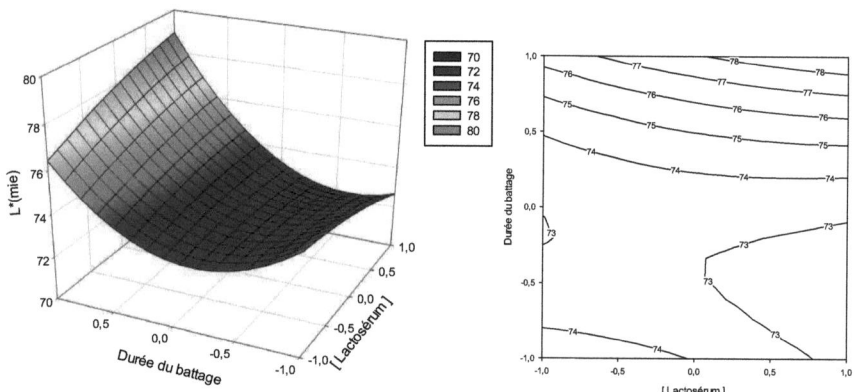

Figure 41. Courbe 3-D et isoréponse indiquant l'effet de la concentration en lactosérum et la durée du mélange sur l'indice L* de la mie

La courbe 3-D montre qu'un maximum pour l'indice L* est obtenu avec une concentration en lactosérum et une durée maximale, Ceci peut être expliqué par plus que le lactosérum est mélangé dans la pâte pour une longue durée plus il est solubilisé et plus il contribue à la luminosité de la pâte,

Le tracé du contour et les résultats figurés dans le tableau du test ANOVA confirment que l'interaction est non significative (p>0,05).

III. 8. 2. 2. L'indice b*

L'Effet de la concentration en lactosérum et la durée du battage sur l'indice de la couleur b* de la mie est montré par la figure suivante :

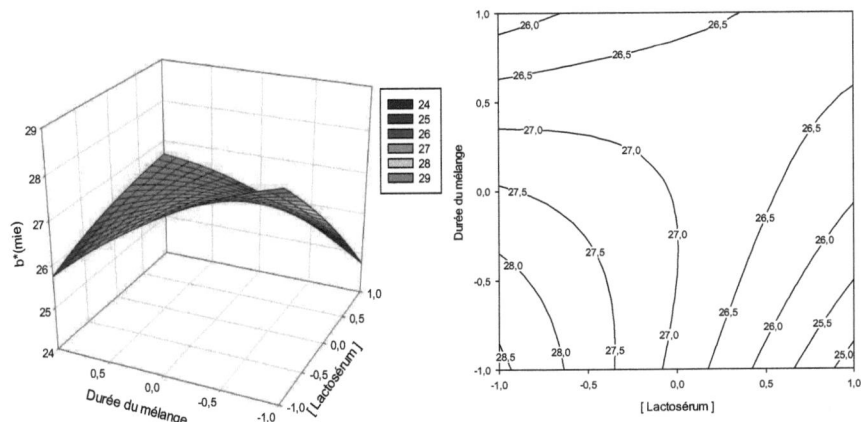

Figure 42. Courbe 3-D et isoréponse indiquant l'effet de la concentration en lactosérum et la durée du mélange sur l'indice b* de la mie

La courbe 3-D montre que l'indice b* est maximal pour une durée de mélange minimale et une concentration en lactosérum moyenne. La courbe de surface présente des courbes elliptiques ce qui prouve que l'interaction entre ces deux facteurs est significative et l'analyse statistique prouve le même résultat. Le tableau d'analyse de la variance montre que l'interaction entre ces deux variables est significative ($p<0,05$).

III. 8. 3. Etude de l'effet de la vitesse et la durée du mélange sur la couleur de la mie

III. 8. 3. 1. L'indice L*

L'Effet de la vitesse et la durée du battage sur l'indice de la couleur L* de la mie est montré par la figure suivante :

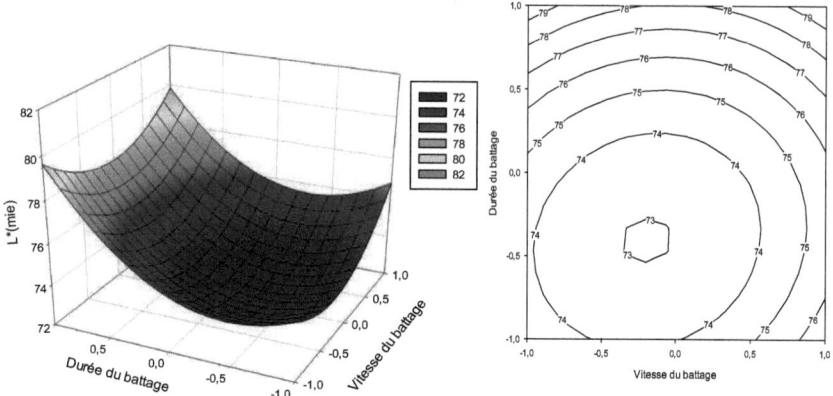

Figure 43. Courbe 3-D et isoréponse indiquant l'effet de la vitesse et la durée du mélange sur l'indice L* de la mie

La courbe 3-D montre que l'indice L* diminue avec la diminution de la durée du mélange augmente légèrement avec l'augmentation de la vitesse du mélange.

Le tracé des contours illustre des courbes circulaires ce qui prouve que l'interaction entre ces deux facteurs est non significative et le tableau d'analyse de la variance prouve le même résultat (p>0,05)

- **Validité du modèle :**

Les conditions optimales utilisées pour un indice de la luminosité L* maximal sont déterminées à partir de l'équation mathématique. Les conditions optimales sont une concentration en lactosérum de 4,57%, une vitesse du mélange de 1,86 et une durée de 3,24 minutes (déterminés par la méthode de dérivé). L'indice L* théorique est calculé à partir des conditions et vaut 72,91 qui n'est proche de la valeur expérimentale qui vaut 81,15 et qui correspond à une préparation contenant une concentration moyenne en lactosérum, une vitesse et une durée du mélange maximales.

III. 8. 3. 2. L'indice b*

L'effet de la vitesse et la durée du mélange sur l'indice b* de la mie est montré par la figure suivante :

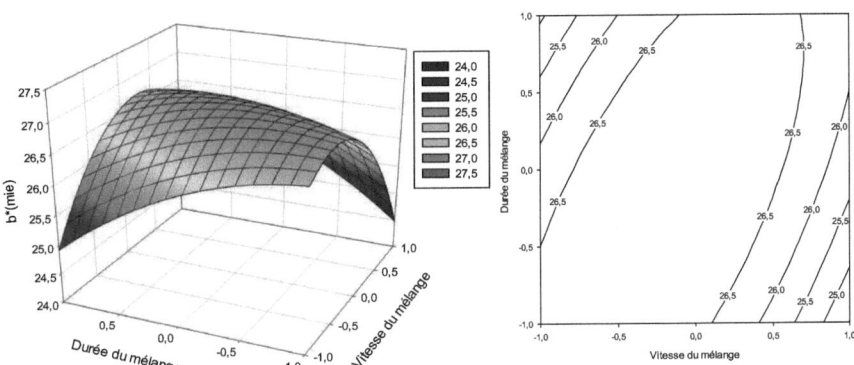

Figure 44. Courbe 3-D et isoréponse indiquant l'effet de la concentration en lactosérum et la vitesse du mélange sur l'indice b* de la mie

La courbe 3-D montre que l'indice de la couleur b* et la durée du mélange sont inversement proportionnels, Des concentrations en lactosérum supérieures à la valeur moyenne diminuent la valeur de b* ce qui est prévu puisque le lactosérum contient du lactose et des protéines ce qui favorise le brunissement non enzymatique, donc des faibles concentrations en lactosérum va baisser la couleur jaune dorée et augmenter la couleur brune donc l'indice a*.

- **Validité du modèle :**

Les conditions optimales utilisées pour un indice de la couleur jaune b* maximal sont déterminées à partir de l'équation mathématique. Les conditions optimales sont une concentration maximale en lactosérum de 7,50%, une vitesse du mélange de 1,89 et une durée de 3,93 minutes (déterminés par la méthode de dérivé). L'indice b* théorique est calculé à partir des conditions et vaut 26,04 qui n'est proche de la valeur expérimentale qui vaut 29,08 et qui correspond à une préparation ne contenant pas du lactosérum.

III. 9. Effet des différents facteurs étudiés sur les paramètres de la couleur de la croûte du cake « Muffins »

Tableau 14. Les paramètres de la couleur de la croûte du « Muffins » pour les différents échantillons

N° de l'expérience	Variables codées			Variables non codées			Les paramètres expérimentaux de la couleur de la croûte		
	x_1	x_2	x_3	X1	X2	X3	L*	a*	b*
1	-1,00	-1,00	0,00	0	1	4	56,33	9,60	36,99
2	-1,00	0,00	-1,00	0	2	2	47,46	15,50	27,61
3	0,00	0,00	0,00	3,75	2	4	57,08	6,46	36,89
4	-1,00	0,00	1,00	0	2	6	57,04	12,57	37,81
5	0,00	-1,00	1,00	3,75	1	6	61,03	10,90	39,78
6	0,00	0,00	0,00	3,75	2	4	57,08	6,46	36,89
7	0,00	-1,00	-1,00	3,75	1	2	52,59	14,50	33,39
8	1,00	-1,00	0,00	7,5	1	4	46,15	14,85	24,89
9	0,00	0,00	0,00	3,75	2	4	57,08	6,46	36,89
10	0,00	1,00	-1,00	3,75	3	2	51,37	14,68	30,05
11	1,00	0,00	-1,00	7,5	2	2	51,92	12,77	31,99
12	-1,00	1,00	0,00	0	3	4	56,96	13,84	37,21
13	1,00	1,00	0,00	7,5	3	4	46,50	15,22	24,24
14	0,00	0,00	0,00	3,75	2	4	57,08	6,46	36,89
15	0,00	0,00	0,00	3,75	2	4	57,08	6,46	36,89
16	1,00	0,00	1,00	7,5	2	6	57,67	13,88	37,28
17	0,00	1,00	1,00	3,75	3	6	52,54	17,03	33,33

X1 : le taux d'incorporation du lactosérum dans la pâte

X2 : la vitesse du battage (niveau de vitesse de l'appareil) ; X3 : la durée du battage (en minutes).

➤ L'indice L* :

Le tableau des résultats expérimentaux montre que l'indice de luminosité varie de 46,15 à 57,67 mesurés respectivement pour les échantillons n°8(valeur maximale de la concentration en lactosérum, valeur minimale de la vitesse et valeur moyenne de la durée) et n°16(valeur maximale pour la concentration en lactosérum et la durée du mélange et une valeur moyenne pour la vitesse du mélange)

Le test de la variance ANOVA montre que l'indice de clarté L* de la croûte du Muffins est constant et, est régie par le modèle mathématique suivant :

$$L^*(\text{croûte}) = +54,30$$

➤ L'indice a* :

Le tableau des valeurs expérimentales ci-dessus montre que l'indice a* varie entre 6,46 et 17,03 notés respectivement pour les échantillons n°6 (des valeurs moyennes pour tous les facteurs) et n°17(valeur moyenne de la concentration en lactosérum et des valeurs maximales pour la vitesse et la durée du mélange).

L'indice a* donne une idée sur le degré de la couleur brune qui apparaisse suite au brunissement non enzymatique puisque le lactosérum contient du lactose (sucre réducteur) et des protéines solubles(les groupements amine) qui favorisent la réaction du Maillard, cet indice est proportionnel avec la concentration en lactosérum.

Le test de la variance ANOVA montre que l'indice a* qui donne une idée sur la coloration brune est régie par un modèle mathématique de la forme suivante :

$$a^*(\text{croûte}) = 6,46 + 0,65\ x_1 + 1,37\ x_2 - 0,38\ x_3 - 0,97\ x_{12} + 1,01\ x_{13} + 1,49\ x_{23} + 3,16 x_1^2 + 3,76 x_2^2 + 4,06\ x_3^2$$

Ce modèle a un coefficient de détermination R^2 de l'ordre de 0,963, un R^2 ajusté de 0,917 et un coefficient de variance égal à 9,47 ce qui montre une fiabilité des résultats expérimentaux.

L'analyse statistique montre que le terme linéaire β_2 le terme d'interaction β_{23} et tous les termes quadratiques sont significatifs

> **L'indice b* :**

Le tableau des valeurs expérimentales montre que l'indice de la coloration brune varie de 24,24 à 39,78 enregistrés respectivement pour les échantillons n°13(niveaux élevés pour la concentration en lactosérum et la vitesse du mélange, niveau moyen pour la durée) et n°5(niveau moyen de lactosérum, niveau bas pour la vitesse, niveau élevé pour la durée du mélange)

Le test de la variance ANOVA montre que l'indice de la couleur brune est invariant et il est régi par le polynôme constant suivant :

$$b^*(croûte)=34,09$$

Ceci conduit à conclure que l'ajout du lactosérum ne modifie pas d'une manière significative la couleur jaune de la croûte du produit fini.

Donc le lactosérum peut être ajouté aux ingrédients de la pâte dans le but d'exploiter les propriétés fonctionnelles des protéines qu'il contienne et pour assurer plus de stabilité au produit tout en diminuant son activité de l'eau sans craindre qu'il aille modifier l'apparence du produit qui est un critère important de l'appréciation du produit.

III. 9. 1. Etude de l'effet de la concentration en lactosérum et la vitesse du battage sur la couleur de la croûte

III. 9. 1. 1. L'indice a*

La courbe 3-D monte qu'une valeur maximale de l'indice a* maximal est atteint pour une valeur maximale de la vitesse et la concentration en lactosérum.

La courbe d'isoréponse montre que l'interaction entre ces deux facteurs est non significative à travers les courbes circulaires qui apparaissent, le tableau d'analyse de la variance montre également le même résultat ($p>0,05$). Donc le lactosérum, ajouté à la recette ne modifie pas significativement la couleur brune de la croûte du « muffins », ce qui renforce l'adoption de l'ajout du lactosérum aux ingrédients du cake.

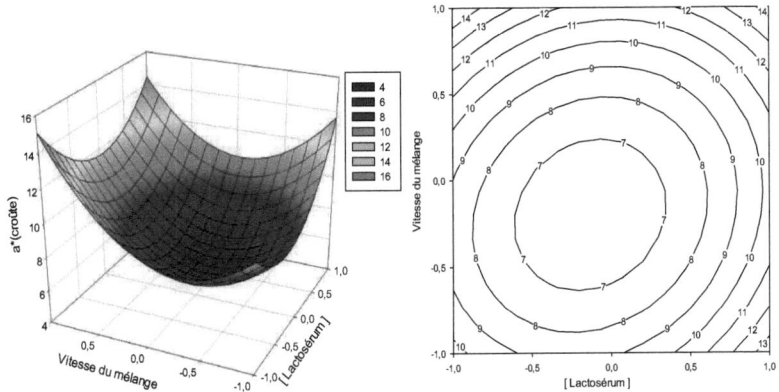

Figure 45. Courbe 3-D et isoréponse indiquant l'effet de la concentration en lactosérum et la vitesse du mélange sur l'indice a* de la croûte

III. 9. 2. Etude de l'effet de la concentration en lactosérum et la durée du battage sur la couleur de la croûte

III. 9. 2. 1. L'indice a*

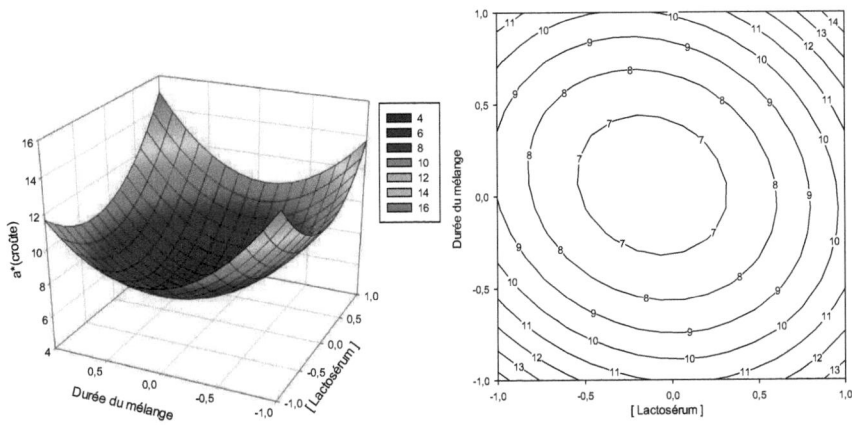

Figure 46. Courbe 3-D et isoréponse indiquant l'effet de la concentration en lactosérum et la durée du mélange sur l'indice a* de la croûte

La courbe 3-D et la courbe d'isoréponse montre que l'interaction entre les deux facteurs n'est pas significative et ceci est confirmé par les analyses statistiques (p>0,05).

La couleur brune de la croûte du produit fini est théoriquement obtenue suite à la réaction du Maillard, dont la contribution du lactosérum n'est pas significative.

III. 9. 3. Etude de l'effet de la vitesse et la durée du battage sur la couleur de la croûte

III. 9. 3.1. L'indice a*

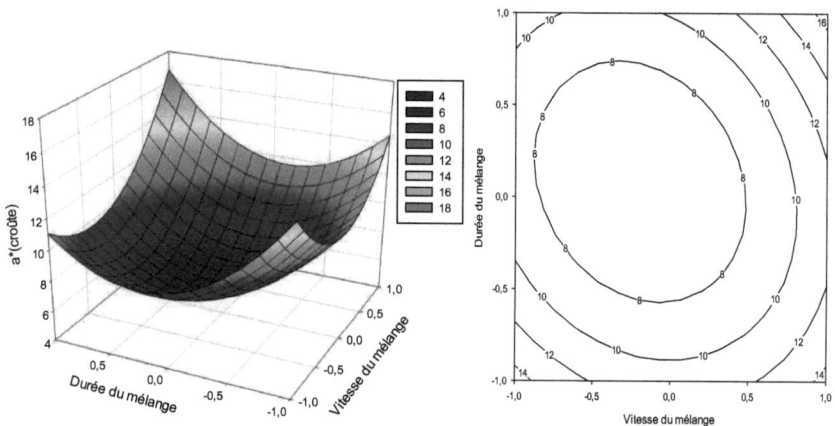

Figure 47. Courbe 3-D et isoréponse indiquant l'effet de la vitesse et la durée du mélange sur l'indice a* de la croûte

La courbe 3-D et la courbe montre que l'indice a* est maximal pour une durée et une vitesse de mélange maximales, Ceci peut être dû à la dissolution complète des composants colorants suite à l'obtention d'un mélange homogène, L'interaction entre ces deux facteurs est significative : les courbes elliptiques et un p<0,05 pour le terme d'interaction entre ces deux facteurs prouvent ce résultat.

- **Validité du modèle :**

Les conditions optimales utilisées pour un indice de la couleur brune a* minimal sont déterminées à partir de l'équation mathématique. Les conditions optimales sont une concentration en lactosérum de 3,37% une vitesse du mélange de 1,82 et une durée de 4,09 minutes (déterminés par la méthode de dérivé). L'indice a* théorique est calculé à partir des conditions et vaut 6,25 qui est proche de la valeur trouvé pour la préparation (0 0 0).

Conclusion

En termes de conclusion, le travail effectué a été mené dans le but de déterminer l'effet de trois paramètres de fabrication soient : la concentration en lactosérum qui est un ingrédient nouveau dans la recette (niveau bas : 0% , niveau moyen : 3.75%, niveau haut : 7,50%), la vitesse du mélange (niveau bas : vitesse 1, niveau moyen : vitesse 2, niveau haut : vitesse 3) de la phase d'ajout des ingrédients secs et la durée de ce dernier (niveau bas : 2 minutes, niveau moyen : 4 minutes, niveau haut : 6 minutes), sur les propriétés rhéologiques et physicochimiques de la pâte et du cake dit « muffins » en utilisant un plan d'expériences de type « Box Behenken ».

Les résultats trouvés montrent que seuls la vitesse et la durée du mélange qui ont un effet sur la densité de la pâte, donc l'ajout du lactosérum peut être effectué sans craindre la variation de la densité qui est un paramètre important pour la levée de la pâte lors de la cuisson, dans le but d'exploiter les propriétés techno-fonctionnelles du lactosérum.

Pour la couleur de la pâte, les paramètres de fabrication changés ont un effet significatif sur cette propriété. En effet les modèles proposés pour les trois indices L*, a* et b* sont tous significatifs.

Les trois variables étudiés ont permis aussi de déterminer une parfaite combinaison pour obtenir une consistance importante de la pâte en variant les trois facteurs étudiés.

Cette étude a aussi révélé que l'ajout du lactosérum a un effet positif sur la diminution de l'activité de l'eau du « muffins » et ne modifie pas la teneur en eau, ce qui correspond à un produit stable et gardant son aspect humide et spongieux. Les deux modèles proposés sont significatifs. Les résultats expérimentaux et statistiques montrent que les trois facteurs étudiés ont un effet positif sur le volume spécifique du « muffins », ce qui offre la possibilité d'optimiser ces variables afin d'obtenir le volume spécifique maximal (pâte bien aérée et un cake spongieux) qui correspond à un produit de qualité. La couleur du produit fini n'a pas été influencée d'une manière significative, puisque la couleur est un critère primaire dans l'appréciation du produit, alors le lactosérum peut être ajouté à la recette sans qu'il ait une incidence indésirable sur la couleur, soit de la mie ou de la croûte.

Le plan d'expérience adopté a permis d'optimiser les variables étudiés afin d'obtenir une réponse optimale pour chaque paramètre grâce à la modélisation mathématique. Ce travail peut donc être exploité dans le but d'améliorer la qualité du produit en optimisant les propriétés qui influent sur la commercialisation et l'appréciation du produit.

I want morebooks!

Buy your books fast and straightforward online - at one of the world's fastest growing online book stores! Environmentally sound due to Print-on-Demand technologies.

Buy your books online at
www.get-morebooks.com

Achetez vos livres en ligne, vite et bien, sur l'une des librairies en ligne les plus performantes au monde!
En protégeant nos ressources et notre environnement grâce à l'impression à la demande.

La librairie en ligne pour acheter plus vite
www.morebooks.fr

OmniScriptum Marketing DEU GmbH
Heinrich-Böcking-Str. 6-8
D - 66121 Saarbrücken
Telefax: +49 681 93 81 567-9

info@omniscriptum.com
www.omniscriptum.com

Printed by Books on Demand GmbH, Norderstedt / Germany